아무것도 시도할 용기를 갖지 못한다면,
인생은 도대체 무엇이겠는가?
– 빈센트 반 고흐

한 걸음 더 깊숙이, 아프리카

아침 햇살이 스며든 테이블 위로 햄 치즈 샌드위치와 아사이 베리 셔벗이 정갈하게 놓여졌다. 자전거 세계 일주 4년 차에 들어서던 상파울루에서의 어느 겨울날, 출출함에 교태부리던 세 치 혀는 더할 나위 없는 깊은 달콤함을 음미했고, 피곤함에 절어 동태처럼 퀭한 두 눈은 브라질의 지역 신문 기사를 훑어보며 가십거리를 찾고 있었다.

리우데자네이루 경찰 헬리콥터 격추!

'으응? 헬기가 격추당했다니!'

맙소사, 사실이었다. 리우데자네이루에서 마약을 취급하는 무장 세력이 이들을 정찰하던 경찰 헬리콥터를 쏴버린 것이다. 흥분한 몇몇 인사들은 군대를 동원해서라도 마약 거래를 타파해야 한다고 목울대를 세웠다. 하지만 남미 최대의 빈민가이자 동시에 검은돈의 젖줄인 호싱야의 파괴를 바라는 정치인은 별로 없었다. 공권력을 무력화시킬 만한 대공화기까지 갖춘 마약상들의 패기가 놀랍고, 이들과 견결히 연계된 사회 지도층의 부패가 더욱 놀라웠다.

허, 대관절 이 나라의 미래는 어디로 가는 거냐며 엘게 도리질을 하던 그때 작게 박스 처리된 광고 하나에 무심코 시선을 던졌다. 나는 깊고 그윽한 아이의 눈망울을 핑계로 사진 밑에 써진 문장을 성의 없이 읊조렸고, 곧 호흡을 가다듬어 재차 주의 깊게 되짚어 봐야 했다.

당신의 작은 도움이 이 아이를 살릴 수 있습니다.

'얼씨구?'

평소 같으면 떨떠름히 지나쳤을 흔하디흔한 감성 팔이 문구였다. 내 반응이 거친 건 당연한 일이었다. 혀를 내두를 정도의 밋밋한 광고 문구 탓이 아니다. 갑자기 울컥 따져 들고 싶었다. "아니 그러니까 내가, 내 작은 도움이 누군가를 살릴 수 있단 말이오, 지금? 30년을 올곧은 개인주의로 살아온 나의 감정선을 열은 떨림으로 감히 건드리고 있느냐는 말이오?" 눈썹을 치켜들며 기만하고 싶었다. 그러면서도 푸르게 눈부신 나의 고요한 아침에 작은 파문이 이는 것을, 뭔가 심상찮은 변화가 휘몰아칠 거라는 걸 본능적으로 감지하고 있었다. 그동안 난 지나치게 행복했다. 그래서 고독했다. 나만 행복했기 때문이다. 나만…….

'두근두근', 누군가에겐 설렘으로 여겨지는 느낌이 협심증으로 걱정될 정도

로 부정적 사고에 함몰되어 있었다. 그럴 수밖에 없잖은가? 지난 2년간의 남미 여행에서 5번이나 강도와 도둑을 만났으니 말이다. 얼음이 녹으면 봄이 오는 이치를 음유하고 싶었던 청년에게 얼음이 녹으면 그저 물의 현현이 되어버리는 독한 진실을 일깨워준 여로였다. 그런데 그것들을 덮어버리는 사랑이 있었던 거다. 모든 걸 역전시켜버린 감동이 있었던 거다. '소금이 단맛을 더욱 강조시켜주듯, 그대가 겪는 실패야말로 인생을 더욱 사랑스럽게 보듬어주지 않는가!'라고 길에서 조우한 이들은 내 빈 가슴에 행복을 차곡차곡 쌓아주었다. 수식할 수 있는 모든 긍정적인 표현은 내 것이었다. 적어도 신문에서 아이의 눈망울을 보기 전까지는 말이다.

괜히 못마땅했다. 지금의 이 행복이 문득 내 것이 아니라는 농밀한 불안함이 가슴에 엉기어 왔다. 대체 뒤틀린 심사의 기저는 무엇인 걸까? 기름진 얼굴에서 파리한 영혼의 부조리함이 전달되는 기운의 정체는 뭘까?

곧 불편함에 대한 이유가 선명해졌다. 나는 사람들이 말하는 행복의 조건들을 열심히 카피해내고 있었다. 그럴수록 영혼의 샘은 말라갔고, 진짜인 듯 보였던 삶은 신기루임이 확인됐다. 사랑을 뜨겁게 받은 인생, 배려를 격하게 받은 인생인데도 말이다. 간단했다. 감동경화[硬化]가 생긴 것이다. 내게 오는 행복을 받아들이기만 했지 이것을 다시 내보내지는 않았다. 맑은 날만 계속되었다. 그러자 사막이 도래했다. 행복을 이루는 기본 요소는 생생한 공감이다. 이 문제를 간과했던 나는 주일에 홀인원을 기록한 성직자 신세가 되었다. 행복했으나 결코 행복하다 말할 수 없었다.

신문 광고 속에 무표정하게 나를 바라보는 아이. 나는 이 아이 역시 마땅히 행복을 공유할 기회가 있어야 한다고 생각했다. 마침 세계 일주의 다음 목적지는 아프리카였다. 제한된 정보로 인해 선입견으로 가득 차 있는 미지의 땅이다. 상파울루가 선사하는 1월의 폭염 아래 책과 인터넷을 뒤적거리면서 나는 연신 흐르는 땀을 닦았다. 공감 가득한 행복을 위해 가치 있는 무언가를 발견하고자 했다. 하나 의욕만 앞섰던 것일까? 경험으로 주춧돌을 세우지 않은 상상력은 빈약할 수밖에 없었다. 가진 것도 없었다. 교육을 위해 학교를 세운다든지 식수를 위해 우물을 파 준다든지, 이런 일들은 개인이 겁 없이 급하게 뛰어들 만한 사안이 아니었다. 낭만적 모험을 꿈꿨던 나는 점점 지쳐가기 시작했다. 그렇게 며칠을 아사이 베리 셔벗만 붙잡고는 축 늘어진 채 하릴없이 보냈다.

'공정 여행?'

거대한 자본 논리 틀에 짜진 패키지여행을 지양하는 대신 현지인 문화 속으로 밀접하게 그러나 겸허하게 들어가는 방법을 제시하고 있는 여행 용어였다. 개인 배낭여행이라 하더라도 현명한 소비 선택으로 그들의 생존 권리를 지켜주고, 여행자의 편의를 위해 자행되는 노동 착취나 환경 파괴 등 비양심의 것들을 단호히 거부하는 착한 여행이란다. 그뿐만 아니다. 공정 여행에 대한 깊은 이해가 수반될수록 제약은 많아지고 수칙은 까다로워졌다. 일상생활에서 그리 고심하지 않았던 사소한 자연보호는 물론 사진 한 장 찍는 것조차 그들의 존엄성을 보장해야 한다. 언뜻 보면 제한된 자유를 제시함으로써 불편해 보이기도 하지만, 실은 무한한 자유가 보장된 현명한 이치였다. 이기적으로 오염된 태도만 없다면 현지인과 여행자 모두 세월이 흘러도 여전한 감동을 선물 받을 아름다운 약속이다. 이것은 내가 고민한 부분과도 일맥상통했다. 이마를 탁 쳤다.

'같이 행복하자!'

여기에 나는 나만의 방식으로 의미를 조금 덧댔다. '공정'에만 치우친 나머지 제대로 된 여행을 하지 못한다면 차라리 봉사가 나을지 모른다. 공정 여행이란 공정과 여행이 조화되는 것이 기본원리다. 결국, 만남과 만남의 수평적 관계가 전제되어야 하고, 새로움 속에 즐거움이 내재되어 있어야 한다. 공정 여행은 어느 한쪽의 희생을 강요하지 않는다. 서로 간의 성숙한 미덕을 나누는 것이다.

나는 래디컬이다. 래디컬 공정 여행을 추구하고 싶었다. 래디컬 공정 여행, 그 땅에 사는 사람들과의 완전한 합일이다. 먹고, 자고, 생각하는 것까지 눈높이를 맞추고 마음을 맞춰야 한다. 그래도 잠은 깔끔한 게스트하우스에서 자야 한다, 그래도 음식은 깔끔한 레스토랑에서 먹어야 한다, 이 '그래도'의 방식이 싫었다. 적당한 타협을 통한 거리 두기가 아니다. 적극적인 어깨동무다. 같이 행복하자는 것이다. 그러기 위해 먼저 이해하자는 것이다. 수직적 사고에서 벗어나야 한다. 수평적 시선이 되어야 한다. 돕는 게 아니라 공유하는 것이다. 주어진 것에 감사하는 마음이 나눔으로 흐른다. 흐르지 않는 모든 고립은 외로움이다. 내 방식대로의 공정 여행이다.

아마도 래디컬 공정 여행의 시초는 리빙스턴이 아닐까 싶다. 그는 모험가의 외투를 두른 의사이자 선교사였다. 자신의 삶을 온전히 아프리카에 헌신했다. 아프리카 구석구석을 탐험하는 동시에 핍박당하는 현지인의 당면 과제였던 노예 제도 철폐에 각고의 노력을 아끼지 않았다. 물론 한낱 자전거 여행자인 내가 롤모델인 그처럼 되기는 힘들다. 나는 다만 '몇 잔의 커피 값을 아껴 지구 반대편에 보내는 그 맘'과 같은 가을방학의 「취미는 사랑」이라는 노래의 가사와 같은 예쁜 마음을 닮고 싶었다. 그 가난한 땅을, 그 위험한 곳을, 자전거 여행하겠다는 태도는 만용에 가까울지 모른다. 그러나 인생에는 가끔 근거 없는 자신감이 필요할 때가 있다. 과정의 오롯한 의미를 알기에 눈 감고 객기 한 번 부려보는 것이다.

여행을 하면서 내 못된 구석까지 안아주던 감당할 수 없는 사랑들을 받았다. 그래서 그저 나누고 싶은 마음뿐이었다. 그냥, 내가 받은 사랑의 크기가 정말 커서, 깊이가 참 깊어서 퍼주고 싶은 것이다. 혼자서는 그 감동들을 도무지 감당할 수 없기 때문이다. 계산으로는 나올 수 없는 계획이, 그림으로 그려지고 있었다. 이것이 공정 여행이 주는 치명적인 매력이다.

나의 선택은 모기장 사업이었다. 이를 실행하기 위해 스스로 완벽한 현지인이 될 욕심을 가졌다. 숙소도 필요 없고, 깔끔한 레스토랑도 필요 없었다. 노숙을 하든 야영을 하든, 길거리 음식을 먹든 그냥 물배를 채우든, 예산을 아끼고 아껴 그 차액을 말라리아 감염으로 고통받는 현지에서 모기장을 쳐주려는 계획을 세웠다. 풍전등화의 어린 생명과 따스한 체온을 나눠본 경험이 있다면 사소한 나눔조차 얼마나 간절한 미션인지 알 것이다. 목표 수량은 300개, 과연 가능할까? 글쎄 이것만은 확신한다. 모든 불편은 다 지나가리라는 것을. 내가 조금만 불편하면 다수가 행복해질 수 있다는 것도. 약자에게 기꺼이 손해 볼 줄 아는 미덕, 이것이 삶의 아름다운 용기라는 것까지. 내게 사랑을 베푼 이들의 진솔한 가르침이다.

꼭 래디컬radical일 필요는 없다. 여행 각자마다 매력이 있고 가치가 있다. 그러나 '적당히'라는 말에 고리타분한 염증을 느끼고 있다면 조금 더 적극적인 동기부여를 할 수 있을 것이다. 기억해야 한다. 누군가의 눈물을 닦아 주기 위해서는 내가 땀을 흘려야 한다는 사실을. 강도에게 습격당한 자에게 기꺼이 이웃이 되

어준 선한 사마리아인에게서 영감을 얻었다. 그래서 이 무모한 계획을 '사마리아 프로젝트Samaria Project'라 명명했다. 이제 그 환상적인 모험이 시작된다. 상파울루 공항에는 수많은 꿈이 날아다니고 있었다. 나도 그중 하나의 꿈에 내 미래를 투자했다. 비행기는 활주로에서 힘찬 시동을 걸었다. 마침내 시작된 긴 여정에 눈을 감았다. 한 걸음 더 깊숙이 다가갈게, 나의 아프리카!

"이룰 수 없는 꿈을 꾸며 이길 수 없는 적과 싸우며, 견디기 힘든 슬픔을 견디며, 용사도 감히 가지 못하는 곳으로 나아가노라!"

– 돈키호테

CONTENTS

01 남아프리카 공화국

02 보츠와나

04
잠비아, 말라위

03
짐바브웨

CONTENTS

05 모잠비크

06 탄자니아

07 케냐, 우간다, 르완다, 수단, 에티오피아

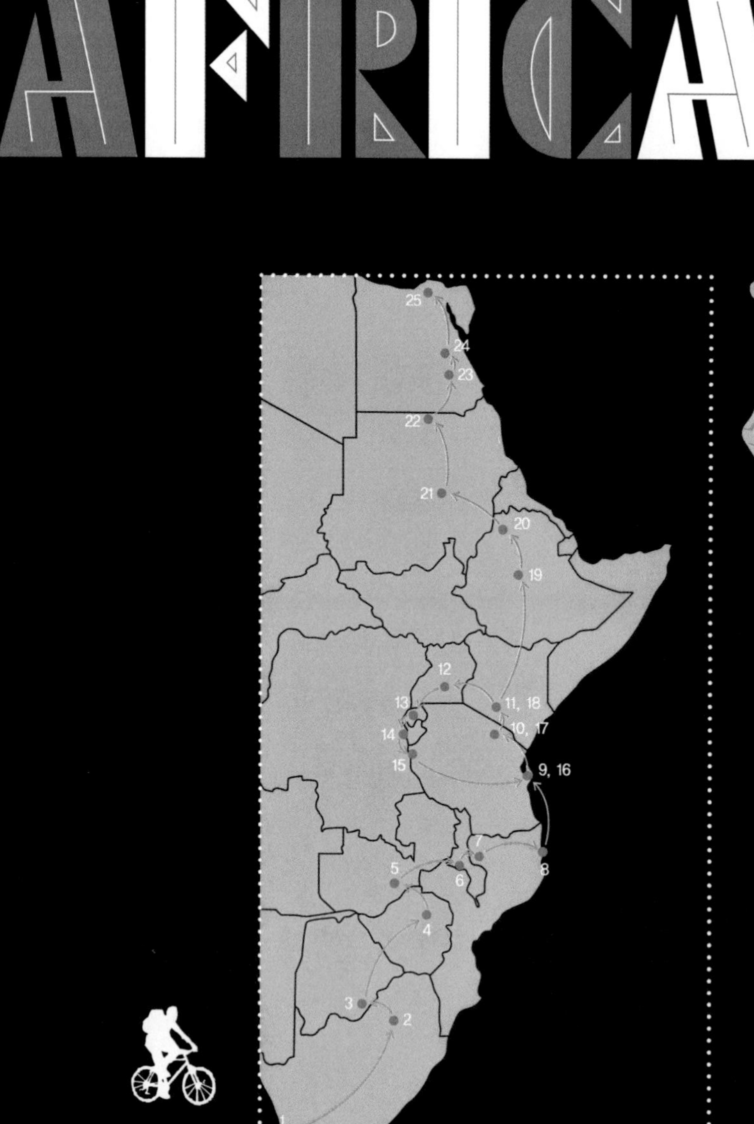

이동 경로

남아프리카공화국 케이프타운[1] ▶ 프리토리아[2] ▶ 보츠와나 가보로네[3] ▶ 짐바브웨 하라레[4] ▶ 잠비아 루사카[5] ▶ 말라위 릴롱궤[6] ▶ 모잠비크 북부 서쪽 리싱가[7], 동쪽 펨바[8] ▶ 탄자니아 다르에스살람[9], 아루샤[10] ▶ 케냐 나이로비[11] ▶ 우간다 캄팔라[12] ▶ 르완다 키갈리[13] ▶ 부룬디 부줌부라[14] ▶ 다시 탄자니아 서부 키고마[15] ▶ 탄자니아 다르에스살람[16], 아루샤[17] ▶ 케냐 나이로비[18] ▶ 에티오피아 아디스아바바[19] ▶ 에티오피아 곤다르[20] ▶ 수단 카르툼[21], 북쪽 와디할파[22] ▶ 이집트 아스완[23], 룩소르[24], 카이로[25]

이집트
수단
남수단
에티오피아
소말리아
우간다
케냐
콩고민주
공화국
르완다
부룬디
탄자니아
말라위
앙골라
잠비아
모잠비크
마다가스카르
짐바브웨
나미비아
보츠와나
남아프리카
공화국

REPUBLIC OF
SOUTH AFRICA

달빛 아프리카 01

남아프리카 공화국

열정을 끌어내는 케이프—카이로 루트

아프리카 육로 모험의 역사는 다른 대륙만큼 오래되지는 않았다. 고대에는 페니키아인과 그리스인이 북아프리카의 해안선에 카르타고Carthago, 지금의 튀니지 지역를 비롯한 식민도시를 건설하기 위해 접촉하였으며 18세기 후반 이전까지는 포르투갈과 네덜란드, 영국 등이 주로 항해를 통해 아프리카를 무역 항로로 이용했다. 특히 네덜란드인은 1652년 케이프타운에 정착하여 오늘날 남아프리카공화국의 기초를 쌓았다.

그 후 수면병을 유발하는 체체파리와 치명적인 바이러스를 옮기는 말라리아, 황열병 때문에 주요 이동 수단인 말을 사용할 수 없어 머뭇거리던 탐험의 역사는 1768년, 스코틀랜드 출신의 탐험가이자 외교관인 브루스가 에티오피아를 여행하던 중 청나일나일강의 지류의 수원水源지를 찾아 거슬러 올라가면서 본격적으로 시작되었다. 이후 스피크가 1858년 아프리카에서 가장 큰 빅토리아 호를 발견하여 나일 강의 수원 문제를 해결한 것은 아프리카 탐험 역사의 일대 발견으로 손꼽힌다.

하지만 이 분야의 굵직한 획을 그은 인물은 스코틀랜드 출신의 선교사 겸 의사, 탐험가였던 리빙스턴이다. 그가 아프리카 내륙에 첫걸음을 내디딘 후 세 차례나 긴 여정을 떠나며 이루어 낸 성과는 이루 말할 수 없다. 세계에서 가장 건조한 칼라하리사막 횡단과 잠베지Zambezi 강 탐험에 이은 빅토리아 폭포 발견, 험난한 나일 강 탐험 등의 성과도 눈부셨지만, 특히 1872년 리빙스턴의 병환 소식에 다급히 파견된 「뉴욕 헤럴드*New York Herald*」 특파원 헨리 M. 스탠리와 탕가니카 호수 작은 마을 우지지Ujiji에서의 극적인 상봉 장면은 모든 이들의 가슴을 뜨겁게 만들었다.

무엇보다 그의 여정에서 가장 중요한 점은 그가 선교를 위해 발 들인 아프리카 땅에서 원주민들의 존엄성을 지켜주고자 노예제를 폐지하는 데 뜨겁게 앞장섰다는 데 있다. 그는 아프리카 곳곳에서 자신을 향한 비난과 위협에도 불구하고 기득권 크리스천들에게 끊임없이 대항해 노예무역 근절을 위한 노력을 하였고, 지금의 잠비아 치탐보Chitambo에서 기도하는 자세로 죽을 때까지 이 문제에 골몰했다.

그의 모험은 단순히 개인의 야망을 충족시키기 위함이 아니었다. 아프리카를 향한 애정과 끝없는 열정이 아니라면 결코 할 수 없는 것들이었다. 수많은 죽을 고비를 넘기고 가족을 잃거나 동료에게 배반당하는 순간에도 오직 아프리카를 향한 꿈만은 놓지 않았다. 생명이 위협받는 심각한 몸 상태라도 마지막까지

본국으로부터의 귀국 요청을 정중히 거절하고 끝내 자신의 사명에 매진하였다.

이후 20세기 중반에 들어서면서 아프리카 종단 여행은 미국의 횡단처럼 하나의 '그레이트 펀 이슈great fun issue'로 자리 잡았다. 랜드로바로 사하라 사막을 통과하는 여행은 유럽인들 사이에 일대 열풍이 되었고, 세계적인 자기계발 강사로 유명한 브라이언 트레이시를 비롯한 모험심으로 똘똘 뭉친 각국의 여행자들이 오토바이와 자전거 등을 이용해 목숨 걸고 이 루트를 넘나들었다.

모험가의 유전자를 타고 난 이들은 세상을 보는 시야가 다르다. 사방이 막혀 있고 예측 불가능한 상황에서 자신의 한계를 넘어 한 발짝 더 넘어보고자 하는 시선이 있다. 가로막은 돌을 피해가기보다 오히려 디딤돌로 삼는 것에서, 자신의 발목을 잡는 방해가 되레 뿌리칠 힘을 키워준다는 그 믿음에서 모험은 내 안의 열정을 시험한다.

전 세계 모험가들의 가슴을 뜨겁게 만드는 루트 중 단연 압권은 역시 '케이프 투 카이로Cape to Cairo'다. '모험의 바이블'이라 일컫는 남아공 케이프타운에서 이집트 카이로로 이어지는 종단 루트는 클래식한 동시에 전혀 새로운 여행 경로로 주목받고 있다.

기착지는 달라도 종착지가 같은 이 루트는 원시적인 모험 본능을 자극한다. 현실의 틀을 과감히 깨며 그 감정에 충실했던 수많은 여행자의 꿈이 이곳에서 이루어졌고, 또 이곳에서 바람과 함께 사라졌다. 땅의 끝에서 시작해 밀림과 사막을 건너며 인도양과 지중해의 냄새를 맡을 때 이 길 위에 자신이 서 있다는 것은 가슴 벅찬 감격이다. 그 울림에 나도 함께하기로 했다. 혈맥이 뛰놀고 심장이 요동치는 도전에 기꺼이 응하며 모험의 선배들 발자취를 더듬어 나가기로 한 것이다. 그 길 위에서 '나'가 아닌 '우리'의 여행을 할 것이다. 할 수 있는 한 무동력으로 이 땅을 순례하는 것이 인류의 역사가 시작된 어머니 대지에 대한 예의이리라.

나는 자전거를 선택했다. 두 바퀴가 다른 문화를 보는 눈이 되어 줄 것이고, 다른 사람의 이야기를 듣는 귀가 되어줄 것이며, 이 땅을 이해하고 포용하는 마음이 되어 줄 것이다. 그러기 전에 이미 그들이 먼저 그래 줄 것이다.

드디어 아프리카가 내 안에, 내 안에 아프리카가 들어왔다. 나는 가만히 아프리카의 날 것 그대로의 맥박 소리에 귀를 기울여 보았다. 늦겨울의 어느 날, 비행기는 아프리카 속의 작은 유럽이라 불리는 케이프타운에 사뿐히 안착하고 있었다.

SHARE
KC 2338
KC 1209

나는 자전거를 선택했다.
두 바퀴가 다른 문화를 보는 눈이 되어 줄 것이고,
다른 사람의 이야기를 듣는 귀가 되어줄 것이며,
이 땅을 이해하고 포용하는 마음이 되어 줄 것이다.
그러기 전에
이미 그들이 먼저 그래 줄 것이다.

외로운 영혼, 안드레가 살아가는 방법

볼더스 비치Boulders beach, 당나귀처럼 시끄럽게 울어댄다고 해서 이름 붙여진 자카스 펭귄Jackass penguin의 앙증맞은 애교가 발길을 끄는 곳이다. 이곳에서 잠깐의 평온함을 누리고는 다시 후트 베이hout bay 항으로 왔다. 후트 베이는, '체스만 촌스'로 불리다가 1607년, 네덜란드 정착민인 얀 혼 리백에 의해 '작은 나무 항'이라는 뜻의 투타이티엔으로 개명된 것이 지금의 명칭이 되었다. 이곳에는 다이커Duiker라 일컫는 물개 투어를 위해서 방문했다. 수만 마리의 물개들이 한데 모여 있는 장관이 일품인 곳이다. 이 무리를 보기 위해서는 심장을 얼어붙게 하는 성난 파도를 뚫어야 하는데 그 스릴을 감수할만한 가치가 있음을 인정해야 했다. 투어를 마친 후, 트롤trawl 어부들이 원양 어종 거래를 위해 정박하는 이곳

케이프타운 항구에서 나는 악명 높은 '피시 앤 칩스fish n chips'로 허기를 속이고 오후의 햇살을 만끽한 채 앞으로의 여정을 그려보며 사색에 잠겼다.

"이봐, 내 친구 좀 만나고 가지그래?"

이때 사교적인 한 남자가 별안간 내 발걸음을 멈춰 세웠다. 마흔 살의 안드레란다. 배시시 웃던 그가 자신의 자랑스러운 친구를 소개해 주고 싶다 했다. 나는 관심을 내비쳤다.

"조니 보이라고 있어. 외로움을 덜어주는 내 유일한 친구지. 세상 어디에도 내 말을 들어주는 이가 없는데 이 친구는 내 마음을 받아 줘. 서로 통하는 거야. 삶의 희망이지."

그는 가족도 집도 없었다.

"저 위에 언덕이 보이나? 저기에 움막으로 된 방갈로가 하나 있는데 더 이상 사용하지 않더라고. 그래서 그냥 내 집 삼았지."

야트막한 언덕 위에 다 헐린 몇 채의 집들이 보였다.

안드레는 휘파람으로 물개를 불러 부시리Yellowtail Kingfish를 던져 주었다. 배 주변에서 버려진 생선을 줍거나 상한 생선을 어부들로부터 싸게 구입해 물개에게 먹이로 주는 것이 그의 소일거리였다. 그 장면을 보여 주고 관광객들에게 팁을 받는 것이다.

"하루 5달러 정도 수입이 나와."

나는 멋쩍어하는 그의 옆에 자리를 잡고 앉았다. 문득 꿈이 묻고 싶어졌다.

"꿈? 나의 꿈? 그야 배 한 척 사서 낚시하는 것이지. 이렇게 구질구질하게 지내는 것도 가끔은 지치긴 해. 자네, 인생에 세 가지 낙이 있다면 무엇을 꼽겠나? 나라면 술, 담배, 그리고 잠! 하하하. 다들 마지막엔 여자를 두더군. 하지만 여자

란 원래 요물이지. 내게 있어 인생 최고의 가치는 자유야. 그런데 여자는 도무지 자유를 주지 않아. 그냥 피곤할 뿐이야. 난 잠을 택하겠어. 배 위에서 낚싯대를 드리우고 한가롭게 낮잠을 청할 거야."

"지금도 자유로워 보이는데요?"

"자유롭지, 하지만 외롭지. 외로움이 동반된 자유는……."

안드레는 말끝을 흐렸다. 잠시 뒤 휘파람을 부르며 다시 물개에게 생선을 던져 주었다. 물개는 물속에서 유영하다가도 그 소리에 얼굴을 빼꼼히 내밀어 한 입에 잘도 받아먹었다. 녀석은 오후 내내 그렇게 부둣가를 계속 맴돌았다. 그는 언젠간 자신의 배에서 잡은 물고기를 녀석에게 주고 싶다는 꿈을 가지고 있다.

나는 그가 하는 일을 말없이 감상했다. 소개해준다던 친구는 도통 올 생각을 모르고 그늘 한 점 없는 콘크리트 바닥에서 되풀이되는 행동에 조금씩 따분해질 무렵이었다. 그에게 나지막이 물었다.

"아까 당신이 얘기한 그 조니 보이라는 친구는 언제 오는 겁니까?"

"아, 내 친구?"

그가 엷은 미소를 띠었다. 그러더니 바다를 바라보며 한 손엔 부시리를 집고 다른 손으로 입술을 모았다. 곧 맑고 시원하게 바람을 타는 휘파람 소리가 항구에 가득 퍼졌다.

"조니 보이!"

안드레가 손으로 가리킨 조니 보이는, 그렇다. 다름 아닌 그가 여태 먹이를 주던 한 마리의 물개였다. 그가 말한 단 한 명의 친구이기도 하다.

"내 외로움을 받아 주는 유일한 친구라니까. 내가 부르면 언제나 내게로 오거든."

그는 나와 대화하는 중에 누구로부터도 안부 인사 한 번 받지 못했다. 고립된 자아가 종일 마음을 나누는 것은 조니 보이뿐이었다. 얼마간 시간이 흐른 뒤, 그는 나와 조니 보이를 번갈아 보며 넌지시 속내를 비쳤다. 아마도 내가 자신의 처지를 조금이나마 이해했다고 판단한 모양이다.

"기부 좀 해주겠나? 내 친구를 잃고 싶지 않다네."

그는 경박하지 않게 자신의 진심과 삶을 솔직하게 드러냈다. 나는 기지개를 켠 뒤 이내 자리를 털고 일어났다. 나에겐 남아공 랜드가 없었다. 하지만 운명은 그의 축복을 빌어주고 있었다. 외로움과 궁핍함으로 고단한 그의 얼굴엔 봄볕이 내려앉았다. 내 마음엔 산들바람이 불었다. 그가 뒤집어 내민 모자에 링컨의 푸른 초상화가 바람에 살랑살랑 흔들거렸기 때문만은 아니리라.

"내 외로움을 받아 주는 유일한 친구라니까.
내가 부르면 언제나 내게로 오거든."

축구에 살으리랏다

개구쟁이라고 얼굴에 큼지막하게 쓰여 있다. 17세의 불렐라니, 16세의 시비웨, 15세의 논도다. 학교에 갔을 때 녀석들은 흐느적거리는 스텝과 아이를 안아 흔드는 동작을 연결해 춤을 추고 있었다. 만델라 춤이란다.

"친구를 가까이하라, 그러나 적은 더 가까이하라."

정치인과 인권운동가이기 이전에 유명한 연설가인 넬슨 만델라가 강연을 마치고 공식 석상에서 재미있고 쉬운 동작으로 추던 것이 유행했다. 사실 만델라가 창작한 것은 아니고 아프리카 전역에서 흔히 볼 수 있는 춤이다. 그러나 이전까지 춤 이름이 없다가 마침 만델라를 핑계로 그 이름을 따 붙인 것이다.

이들은 케이프타운 빈민가 출신이다. 우범 지역은 어디나 그렇듯 교육은 둘

그라운드 위 거친 호흡에 섞여 꺄르르 웃는 소리는
모두 꿈꾸는 아이들의 것이었다.

째 치고 치안이 부재하다. 그러니 비행을 저지르기에 이토록 안성맞춤인 환경도 없다. 동네 다른 친구들은 약물 중독에 구걸, 강도, 도둑질을 일삼고 어린 나이에 임신해 미혼모가 되는 경우가 흔했다. 녀석들도 한때는 하늘을 봐도 꿈이 보이지 않는 현실의 암담함을 떨쳐내고자 술, 담배에 찌들어 살며 혼탁한 유년 시절을 보냈다. 그런 이들이 학교에 가고 꿈을 가지게 된 건 놀라운 변화다.

"그라운드가 곧 내 세상입니다. 멋진 축구선수가 될 거예요. 꼭 영국에 가서 가난을 탈출하고 싶어요."

하나같이 축구 선수가 꿈이다. 축구는 가장 대중적이면서도 돈 들이지 않고 배우기 쉬운 운동이다. 브라운관을 통해 보는 부와 명예를 누리는 유명한 축구 선수에 대한 동경도 하나의 이유다. 주변에서 마땅한 인생의 롤모델을 찾기 힘든 아프리카 아이들 상상력의 한계다. 가련한 일이다. 꿈을 꾼다고 해서 모두가 이룰 수 있는 건 아니다. 수백만 명의 아이 중 자신의 꿈을 멋지게 펼칠 확률은 건축학개론 수지와 같은 숙녀가 내게 데이트를 신청할 확률에 수렴할 것이다. 그건, 바로 앞도 보이지 않는 막막함이다.

그래서 교육이 중요하다. 어느 순간 자신의 적성과 열정을 찾아냈을 때 그들을 필요로 하는 곳으로 갈 수 있는 준비가 반드시 선행되어야 한다. 아프리카의 발전 가능성 중 많은 부분이 교육 부재로 지체되는 것을 목도한다. 얼마 전까지만 해도 불모의 땅에서 교육을 받는다는 것은 일손을 도와야 하는 가난한 아이들에게 사치스러운 것이었지만, 이제는 의식주만큼이나 생존에서 중요한 문제로 부각되고 있다.

빈민가에서 만난 눈동자들은 하나같이 핍소한 상태였다. 더욱 심각한 건 씨줄과 날줄을 견고하게 짠 피륙을 몸에 두른 것처럼 순응주의나 운명론 따위에

자신의 삶을 꽁꽁 싸매고 있다는 점이다. 이런 상황에서 자신에게 관심과 애정을 쏟으며 도와주는 이를 만난다는 것은 큰 행운이 아닐 수 없다. 셋은 빈민가를 돌며 봉사를 하던 한국인 김현태 선교사를 만나 꿈같은 기회를 받고 있었다.

배움에 대한 값진 기회를 값없이 받은 세 친구는 방과 후 청소나 심부름 등으로 바지런히 품을 팔아 용돈을 벌었다. 남는 시간엔 여느 아이들처럼 공터에서 낡은 공을 차며 축구선수의 꿈을 키워간다. 언젠가는 자신들의 꿈이 높은 벽에 가로막혔다고 느낄 때가 올 것이다. 그때 더 의미 있는 인생으로 궤도를 수정할 새로운 기회를 찾을 수 있을 것이다. 교육이 그렇게 돕는다.

하지만 지금 가지고 있는 소중한 꿈 또한 격려해주고 싶다. 어느 책 제목처럼 가난하다고 꿈조차 가난하란 법은 없으니까.

"축구에 살으리랏다."

황혼 무렵 공터에서 공 하나에 무리 지어 뛰노는 아이들의 붉은 실루엣에 괜히 콧잔등이 시큰해졌다. 그라운드 위 거친 호흡에 섞여 까르르 웃는 소리는 모두 꿈꾸는 아이들의 것이었다.

요하네스버그, 그 악명 높은 이름값

서서히 터미널 정거장으로 들어온 버스는 잠시 정차했다. 나이지리아 라고스Lagos, 콩고 킨샤샤Kinsasha와 함께 아프리카 3대 우범지역으로 불리는 요하네스버그Johannesburg. 목적지가 프리토리아Pretoria였던 나는 인터케이프 버스의 2층 좌석에서 차분히 긴장을 풀고 좀 더 쉬기로 했다. 창밖으로는 버스에 오르내리는 사람과 짐들이 콩나물시루처럼 빽빽하게 보였다.

10분쯤 흘렀을까. 웬일인지 뒷골이 뻣뻣해지는 게 느껴졌다. 순간 더 쉬어야겠다는 일말의 타협도 없이 무엇에 이끌리듯 버스에서 나와 짐칸을 체크했다. 예감, 이 감각의 마지막 퍼즐이야말로 인간 영역 안에 존재하면서도 스스로 풀기 힘든 난제일 것이다.

한 남자가 전혀 거리낌 없이 내 짐을 밖으로 빼돌리고 있었다. 바로 몇 달 전에도 한국 청년이 연달아 터미널에서 떼강도 봉변을 당한 사고 사례가 있어 익히 요하네스버그의 악명을 들은 터였다. 우스운 말로 강도당할 확률이 200%라고 하지 않던가. 한 번 강도를 만난 그 거리에서 또 강도를 만난다는 의미다. 그만큼 요하네스버그의 치안 부재는 여행자들 사이에서 스트레스와 공포를 유발하며 이 도시에서의 유람을 기피하게 만든다.

바로 그런 염려 때문에 나는 차장에게 부탁해 출발 전 박스 포장된 짐을 가장 안쪽 깊숙이 넣어주기 바랐고 확인까지 했다. 종착지에서 내리니 가장 늦게 짐을 뺄 것으로 예상해 그런 것이다.

그런데 수상한 남자는 그 짐을 굳이 다른 짐들 사이에서 억지로 빼냈다. 제 것인 양 아주 자연스러운 행동이었다. 당황했지만 혹여 내게 유리할 게 없는 드잡이로 번질까 떠는 말투에서조차 침착하려 애썼다.

"당신 지금 뭐하는 겁니까? 이건 내 짐인데요?"

"그런가요?"

감청색 재킷에 때가 덕지덕지 낀 낡은 작업복 바지 차림의 중년 남자였다. 물건이 이미 손아귀에 들어왔다고 생각했었는지 그는 흠칫하더니 멋쩍은 표정이다. 몰랐다는 투다. 확실히 버스 2층에서 내려오지 않는 나를 두고선 틈이 생겼음을 잘 알고 있는 눈치였다.

누군가 정보를 흘렸을 가능성이 높다. 주변에서 서성이는 버스 안내원의 딴청에 의구심만 깊어간다. 남자는 건성으로 짐을 다시 짐칸에 밀어 넣고는 무대에서 퇴장했다. 나는 미간을 찌푸리며 버스가 다시 출발할 때까지 짐에서 시선을 떼지 않았다.

'어쨌든 요하네스버그를 출발지로 선택하지 않은 것은 정말 잘한 일이야.'

놀란 가슴을 진정시키고 있는 사이 버스는 자카란다 나무가 늘어선 프리토리아에 들어섰다. 그러나 2월의 남반구에서 자카란다는 보랏빛 광채 없이 무성한 가지만 늘어뜨리고 있었다.

지난 3년 동안 아메리카 대륙을 종단했다지만 아프리카는 전혀 다른 광야다. 모든 것을 처음부터 다시 시작해야 한다. 내 안에 잠든 열정을 깨우기 위한 새로운 무대이자 동시에 생경스런 환경에서 친화력을 가늠해 볼 수 있는 척도가 될 것이다. 나는 그런 이 순간을 얼마나 희구했던가.

1852년 트란스발 공화국의 수도였던 프리토리아. 지금은 남아공의 행정수도로 비교적 조용한 도시다. 기실 지난 2005년 아파르트헤이트의 붕괴와 새로운 민주주의를 수립한 기념의 일환으로 전통적인 아프리카식 이름인 '츠와니Tshwane'로 변경되었다. 백인들이 지배하기 전 원주민 추장의 이름이란다.

역사 변혁의 한가운데 있는 이곳, 도심보다 비교적 안전한 교외에서 첫 라이딩을 시도했다. 단시간 동안 왼쪽 무릎 상태와 부실해진 체력 문제가 파악됐다. 아프리카로 넘어오기 전 남미에서 당한 무장 강도의 충격으로 근 4달 동안 공황 상태에 빠졌었다. 그때 운동을 등한시한 것이 적나라하게 노출된 것이다.

문제점은 이뿐만이 아니었다. 좀체 균형 잡기가 힘들었다. 자전거 세계 일주를 3년이나 해왔지만, 어찌 된 영문인지 핸들링이 불안했다. 심리적으로 불안해하고 있었다. 거리의 많은 흑인이 무표정한 얼굴로 나를 쳐다보았다. 라이딩에 집중할 수 없었다. 여행지에서 살갑게 대하기는 둘째가라면 서러워할 나지만 언제 습격당할지 모른다는 두려움이 엄습했다. 남미에서의 망조가 내 등에 덥석 달라붙은 느낌이다.

영국의 제국주의자 세실 로즈는 아프리카의 광활한 대륙의 많은 부분을 식민지화하는 동시에 거대한 야망을 품었다. 이집트 카이로에서 남아공 케이프타운에 이르는 아프리카 종단 철로 건설이 그것이다. 흑인들의 피땀과 눈물을 자양분 삼아 다이아몬드와 금광 사업 등으로 큰 세를 이루었지만, 아프리카 종단 루트를 건설하려던 계획은 끝내 물거품이 되었다.

시대의 지배자였던 그가 못 이룬 길을 겁도 없이 애송이가 도전한다니. 길을 만드는 게 아니라 만들어진 길을 모험한다는 차이가 있기는 하지만 말이다. 과연 황야의 거칠었던 어제와 막막한 오늘은 내일을 꿈꾸는 내게 온화하게 길을 내어줄까?

아무래도 혼자서는 무리겠다 싶다. 나는 그들을 기다렸다.

그들이 숨어 사는 이유

"어서 와, 여기 좀 앉게."

흔들의자에 앉아 에스프레소를 홀짝이는 일흔하나의 윌릭은 낯선 방문자를 한껏 포용하며 자신이 직접 가꾼 정원에 대해 자랑을 늘어놓았다.

"10년 동안 내가 하나하나 공들인 작품들이야. 어때, 멋지지? 늘그막에 이제 내가 가꾼 정원에 앉아 이렇게 커피 한 잔 하는 것이 삶의 유일한 즐거움이라네."

슬래브 주택에 잔디가 곱게 깎여진 너른 정원이 상징인 백인의 보금자리가 이렇게 달라질 수 있다니 정말이지 퇴행적 혁명이었다.

그의 정원은 정문에서 단지 세 걸음이면 끝났고, 집은 침대 하나와 책상 하나가 간신히 들어갈 공간만 있었다. 그가 가꿨다던 정원의 장식물들은 하나같이

어디에서 주워온 것들뿐이었다. 그러나 그만의 재배치를 통해 10평이나 될까 한 공간에 허리춤 높이의 정식 정문을 세우고, 길을 내고, 흔들의자까지 놓았다. 그의 주요 일과는 잠을 자고, 커피를 마시고, TV를 보는 것이다.

"나쁘지 않아. 편안해. 인생을 걱정할 필요도 없고, 걱정할 일도 없지. 내가 누릴 수 있는 게 이 공간 안에 다 있으니 말이야."

그와 조금 떨어진 곳에는 서른여섯의 엔크가 그늘서 쉬고 있었다. 그는 파리 떼가 달라붙는 누렇게 때가 낀 발목 붕대를 보고서도 손가락 하나 까딱하지 않았다. 그저 만사가 귀찮다는 표정이었다.

"오토바이 사고가 났었거든. 처음엔 시간이 흐르면 알아서 나을 줄 알았는데 상처가 간지러워 긁었더니 급속도로 붓더라고."

그의 주위엔 가축의 배설물과 쓰레기 등 오물로 가득했다. 최악의 위생이다. 그런데도 자리를 피하거나 환경을 개선하려는 의지가 전혀 보이지 않았다. 아무도 터치하지 않는 자기 구역이란다.

엔크는 엘리베이터 기술자다. 그는 케이프타운에서 일하던 중 인종 차별당하는 부당함에 맞서 회사 기득권층인 모슬렘들과 싸웠었다. 상황은 개선되지 않았고 적대감이 증폭되던 어느 날 홧김에 직장을 때려치웠단다. 벌써 2년 전 얘기다.

"나도 일을 하고 싶어. 예전처럼 케이프타운에서 말이지. 집도 갖고, 마흔 즈음엔 결혼도 하고 싶단 말이야. 그런데 이 나라가 미쳐 돌아가고 있어. 왜 내가 차별을 당해야 하는 거야?"

역사의 아이러니일까. 그는 이제 차별당하는 백인으로 살고 있다. 남아공은 실로 빠르게 변화하고 있다. 매일 아침 창밖으로 보이는 스카이라인이 변할 정도로 급속한 경제 성장을 이루고 있고, 정치도, 문화도 흑인 중심으로 변모해 가

미처 생각해 보지 못한 질문을 던져 주는 것,

인생에서 여행이 필요한 이유다.

고 있다. 이런 소용돌이 속에서 30대 젊은 백인은 생기를 잃고 도태되고 있었다.

선스카이 후기는 백인 빈민촌이다. 시가지에서 한참 떨어진 외딴곳에서 그들만의 공동체를 이루어 살고 있다. 돈을 버는 가구는 허름한 집과 TV라도 있지만, 경제 사정이 좋지 않으면 버려진 캠핑카RV에서 생활한다. 그나마 터라도 있으면 다행이다. 그렇지 않을 경우 그 공동체 안에서마저 월세를 내면서 살아가야 한다. 누가 봐도 유럽 중산층의 풍모를 가진 백인 아이들이 캠핑카를 개조해 만든 학교에서 책을 읽고, 하릴없이 흙장난을 한다. 맨발에 옷은 꾀죄죄했으며 위생 관념 역시 희박하다. 이들이 사회 최하계층으로 살아간다는 게 상상이나 되는 일이던가?

매일 아침, 지역 교회에서 무료급식을 하는데 그 줄에 백인들이 끼어있는 걸 보고 적잖이 놀란 적이 있다. 지치고 파리한 몰골의 그들은 힘없이 받아든 하루에 단 한 번뿐인 끼니를 흑인들과 어울리지도 못한 채 구석에서 혼자 조용히 먹고 있었다.

형편이 어려운 남녀는 각 60세와 55세가 되면 얼마간의 정부보조금으로 살기도 한다. 하지만 조건에 부합하지 않는 젊은 사람들은 타운 밖에서 잡일이나 기부 등으로 생계를 이어간다. 또한, 대부분 은행에 보증이 없어 이민이나 그밖에 사회활동에 필요한 서비스에 대해 제약을 받는다.

백인들만을 위한 성배라는 아파르트헤이트가 종지부를 찍은 건 남아공 역사에 길이 남을 사건이다. 다들 넬슨 만델라를 칭송하고, 흑인의 인권 보장에 대해 환호했다. 다만 갑작스레 권력을 쥔 흑인 지배계층은 어떤 부분에서는 대단히 서툰 행정력을 보이기도 했다. 이때 사회 빈곤계층으로 몰락한 일부 백인들은 재기의 날을 세워보지도 못한 채 그대로 주저앉고 말았다.

"백인 빈곤 계층에 대한 관심과 도움은 백인만이 줄 수 있습니다."

남아공 전역에는 백인 빈민촌이 가파르게 늘어나고 있다. 무료급식이나 자활센터, 심지어는 노상 구걸 행위 등에서 흑인 무리 틈에 섞여 있는 백인들을 어렵지 않게 만날 수 있다. 게다가 백인 빈민에 대한 인식 때문에 백인을 도와주는 개인이나 단체는 백인에 한정되어 있다. 그들의 자활을 돕는 한 봉사자는 사회적 편견 때문에 오히려 백인을 돕기가 더 까다롭다고 했다. 같은 상황이라도 흑인 삶의 질이 더 떨어져 보인다는 것이다. 인종에 대한 고정관념이 뿌리 깊다는 반증이다.

충격적인 경험이 아닐 수 없었다. 아프리카 하면 으레 이곳의 모든 난제가 '흑인'에게만 집중되어있다고 믿어온 내게는 그랬다. 검은 대륙에 처음 발을 딛는 내가 내놓을 수 있는 해결책은 당장에는 없다. 무엇보다 그들의 내면과 복잡다단하게 얽혀진 사회적 시스템을 이해하는 것이 필요하다.

해거름 무렵, 나는 마을을 빠져나오다 맨발로 천진난만하게 뛰노는 아이들을 보면서 고개를 주억거렸다. 녀석들은 아무것도 모른 채 여전히 흙장난에 몰두하고 있었다. 반대편 테이블에선 그의 부모들이 한 잔의 차를 앞에 두고 내일에 대한 불안한 시선을 거두지 못하고 있었다. 많은 인종과 지역을 경험하면서 다양하고 깊은 속살을 보려는 내게 선스카이 후기는 이 땅을 있는 모습 그대로 포용해야 하는 사실을 상기시켜 주었다.

미처 생각해 보지 못한 질문을 던져 주는 것, 인생에서 여행이 필요한 이유다.

여행은 친구를 얻게 한다

그들이 왔다. 이근용, 강병무. 좋은 학교를 나와 안정된 외국계 직장에서 차근차근 스펙을 쌓아가던 젊은 청년들이었다. 그런데 과감히 삶의 회로를 바꿔보겠다 했다. 인생의 의미 있는 도전을 통해 새로운 자신을 발견하겠단다. 나이도 비슷했고, 무엇보다 도전정신 속에 타인을 배려하는 여행을 이해하고 있었다.

실은 스릴 넘치는 모험을 위해 가슴 뛰는 아프리카 자전거 여행을 혼자 해야겠다고 마음먹었었다. 하지만 남미에서 강도 사건이 터진 이후 생각이 바뀌었다. 안전이 여행의 우선순위가 된 것이다. 안전이 선행되어야 모기장 사업이라도 할 수 있는 것이다. 출발 전 인터넷에 모집 공고를 올렸고, 뜨거운 관심 속에

수십 개의 메일이 도착했다. 학생부터 정년퇴직을 앞둔 공직자까지 연령과 직업은 다양했다. 게다가 문의해온 여성들도 제법 많았다. 내가 중요하게 여긴 건 공정 여행을 이해하고 실행할 수 있는 진지한 태도였다. 두 친구는 믿을 만했고, 수차례 일정을 조율한 끝에 프리토리아에서 만날 수 있었다. 긴 여로에 동지가 생긴 셈이다.

각자의 스케줄이 있는 관계로 동부 아프리카까지만 동행하기로 했다. 아프리카를 향한 그리움과 열정의 크기는 같지만 셋의 여행 목적지가 모두 달랐기 때문이다. 아프리카 종단을 하는 나와 중간에 우간다로 빠질 이근용, 그리고 동아프리카에서 유럽행을 계획하는 강병무가 한팀이 되었다. 우리의 공통분모는 아프리카에서 함께 봉사를 하는 것이다. 인간의 존엄성을 이해하고 사람을 사랑하는 것, 그것은 이 땅을 여행하는 한국의 젊은 청년들에게 주어지는 보석과도 같은 기회가 될 것이다.

놓칠 수 없는 나의 꿈이 시작되었다. 동행자를 만나 심리적으로 안정된 것은 물론 나 역시 이들에게서 다른 삶의 철학을 배울 수 있는 소중한 기회가 주어졌다.

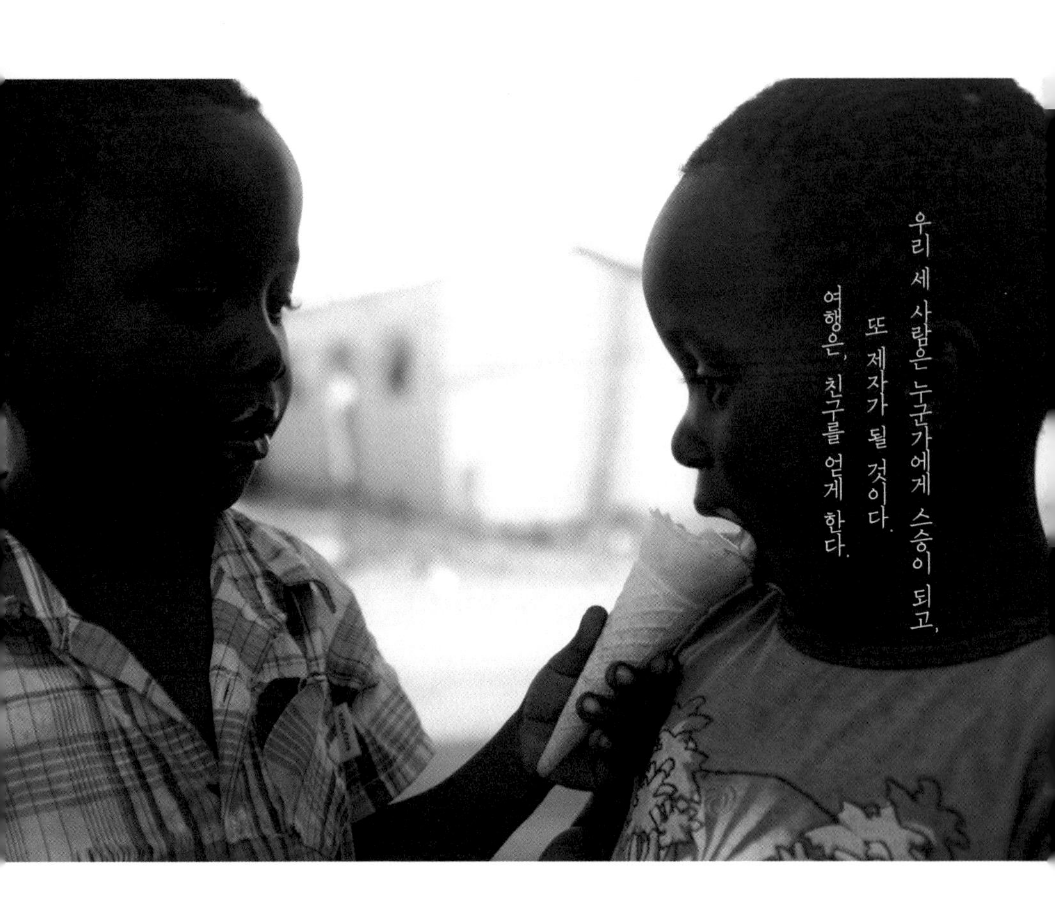
우리 세 사람은 누군가에게 스승이 되고,
또 제자가 될 것이다.
여행은, 친구를 얻게 한다.

리틀 마이클 잭슨, 제이콥

프리토리아에서 북쪽으로 80km 지점. 비포장 길을 따라 외딴 마을에 위치한 초등학교Ikhwezilethemba Primary school에 방문했다. 일요일이라 현지 예배가 드려진단다. 나는 주일학교 예배에 참석했다. 예배는 정말 신이 났다. 차라리 축제였다. 회중은 노래를 부를 땐 잠시라도 가만히 있질 못했다. 절대자를 향한 뜨거운 열정은 노래가 되고, 또 춤이 되었다. 스와힐리어 메시지는 귀를 먹게 했지만 그들의 찬양은 마음의 눈을 열게 했다.

완벽한 하모니다. 웬만한 합창단보다 더 깊은 여운이 남는다. 동정심에 추는 게 결코 아니다. 진정 영혼의 울림이 전해진다. 어떻게 정규교육을 받지 않은 아이들이 저토록 곱고 화려한 음색을 낼 수 있을까. 아프리카에 내려진 신의 은총이라고 여길 수밖에.

"저기에서 노래 부르는 아이 중 몇몇은 HIV 바이러스 보균자이고, 또 몇몇은 결손 가정에서 자라고 있으며 미혼모도 있어요."

자신이 겪어야 할 고단한 세상사를 아직 제대로 인지하지 못해서 환한 미소로 노래를 부를 수 있는 것일까.

예배가 끝나자 아이들이 금방 주위로 몰려들었다. 녀석들이 가장 좋아하는 건 내 머리를 만지는 일. 나는 기꺼이 그들의 손에 내 머리를 맡겼다. 이들에게 긴 생머리는 놀라운 발견이자 동경의 대상이다. 수십 번의 쓰다듬음을 거치고 나서야 머리 만지는 손길이 잠잠해진다.

아이들은 자신의 관심사를 낯선 이방인에게 보여주고 싶어 했다. 여자아이들은 땅바닥에 원을 그리고 비슷한 크기의 돌들을 던졌다 잡았다 한다. 눈여겨보니 원 안으로 돌들을 넣고 또 빼고 있다. 공기놀이와 흡사한 것이 흥미롭다.

남자아이들은 에너지가 넘쳤다. 녀석들은 땅바닥을 짚지 않고 180° 텀블링을 줄기차게 해댔다. 계단이나 디딤돌 어디든지 폴짝 뛰어올라 몸을 공중에서 정확히 한 바퀴를 돌린 후 착지한다. 위험하지 않느냐는 물음에 예전부터 해오던 거라 괜찮다는 명랑한 대답이 돌아온다. 딱히 놀 거리가 없어 이것이 친구들과 어울리는 문화가 된다.

"저기요, 나 좀 잠깐 봐요!"

한 녀석이 친구들 무리를 헤집고 보무당당하게 다가왔다. 재기발랄한 표정과 더불어 당돌한 폼이었다. 아이는 무슨 일인지 정황을 파악하려는 내게 말을 걸어왔다.

"그거 알아요? 마이클 잭슨이 죽은 건 나에게도 엄청나게 슬픈 일이었어요. 내 꿈이 미국으로 가서 제2의 마이클 잭슨이 되는 거거든요. 어때요, 제 춤 한 번

보실래요?"

열 살의 제이콥이었다. 나는 응한다는 제스처로 비디오카메라를 꺼냈고 녀석은 여태껏 갈고 닦은 퍼포먼스를 보여주었다. 녀석이 선택한 곡은 지금의 마이클 잭슨을 있게 한 대표곡 「빌리 진」.

열정을 다한 무대는 훌륭했다. 끼가 다분했다. 허스키한 목소리며 절도 있는 댄스가 팝의 황제를 꼭 빼닮았다. 놓칠 수도 있는 세밀한 부분까지 모사하는 걸 보고는 감탄의 박수를 보내지 않을 수 없었다. 놀랍기만 했다. 어떻게 가능했을까? 녀석의 집엔 인터넷은 물론 TV조차 없다. 아마 동네 형들의 MP3를 통해 귀동냥으로 들었을지 모른다. 혹은 카세트테이프와 CD 파는 레코드점을 서성이다 외웠을 수도 있다. 무대가 된 교실은 물론 창밖에는 제이콥의 춤을 보려는 학생들로 복작거렸다. 제이콥은 이미 교내 스타였다.

"난 아직 인기가 없지만 이제 곧 생길 거예요. 그저 미국에 가는 일만 생각해요."

제이콥의 가정 역시 다른 아이들처럼 유복하진 못하다. 아버지는 가출했고, 어머니와 누나 셋과 같이 사는데 모두 학교에 갈 수가 없는 형편이다. 그래서 유일한 아들인 제이콥이 가족의 기대를 안고 교육의 혜택을 받고 있다.

녀석의 댄스 매력에 푹 빠져있을 때쯤 한 무리의 아이들이 다가오더니 흰 이를 삐죽 드러내며 뜬금없이 외쳤다.

"우리는 제이콥을 좋아해요!"

나는 수채화 같은 아이들의 눈망울이 좋았다. 어떤 이야기를 나누어도 각색하지 않은 까르르 웃는 순진함이 좋았다. 녀석들의 대답을 기다렸다.

"왜?"

"우리는 제이콥을 좋아해요!"

"왜?"

"제이콥이 우리를 좋아하기 때문이죠!"

"제이콥이 우리를 좋아하기 때문이죠!"

'아…….'

한동안 멍했다. 잘생겨서가 아니고, 공부를 잘해서도 아니고, 부자여서도 아니고, 운동을 잘해서도 아니고, 그러니까 그냥 우리가 늘 생각하던 어떤 우월한 부분 때문에 친구를 좋아하는 것이 아닌, 그냥 서로가 서로를 있는 그대로 좋아했던 것이다. 녀석들의 우정을 보다가 그만 눈이 건조해졌다. 나는 사람을 좋아했던가, 그 사람이 가지고 있던 어떤 조건들을 좋아했던가. 어른 같은 아이를 만들려는 아이 같은 어른들 때문에 난리인 나라에서 온 나는 제이콥과 친구들의 우정에 아낌없는 격려를 해주었다.

가난한 마을에도 아이들은 꿈을 가지고 있다. 그 꿈을 이루는 데 본인의 의지와 노력도 중요하지만 제반 시스템의 도움이 꼭 필요하다. 어쩌면 그런 환경이 도전하는 아이들의 꿈을 고취할 수 있을지 모른다. 가슴을 활짝 펴던 당당한 제이콥은 익살스러운 표정을 지으면서도 나를 향해 엄지손가락 치켜들었다. 자기 자신에 대한 약속과도 같은 것이다. 나도 엄지손가락을 치켜들어 답했다. 어떠한 상황에도 굴하지 말고 당당하게 너의 꿈을 펼치라는 의미다. 제이콥이 웃고, 나도 웃는다.

녀석의 작은 몸짓은 많은 아이들을 행복하게 해준다. 희망을 준다. 그러나 영속적이라고 장담할 수 있는 사람은 아무도 없다. 꿈을 이루기엔 강퍅한 현실의 문턱은 아무것도 모른 채 착하기만 한 아이들을 울먹일 정도로 상당히 높다. 오래도록 꿈을 꿀 수 있도록 그 문턱이 조금만 더 낮아지는 날은 언제나 올까. 꿈조차 가난해져 버리는 곳, 바로 아프리카 작은 빈민가의 오늘이다.

남아공 북서부를 달리다

헬리오스Helios, 그리스 신화 중의 태양신가 단단히 뿔 난 모양이다. 어디 감히 애송이의 기개로 광대한 대자연에 맞서냐는 투다. 난 정복이 아닌 조화를 위한 여행이라고 나직이 말해 본다. 그러건 말건 아지랑이가 피어오르는 복사열로 자전거 타이어가 아스팔트 도로에 껌처럼 달라붙을 기세다.

부시벨트Bushveld와 바테르베르흐 고원이 편재되어 있는 트란스발Transvaal 지방은 제법 고도가 높다. 더위와 고지대, 초행의 세 가지 악재에 검은 아스팔트는 거친 숨을 빨아들이고 청춘의 패기는 오래지 않아 맥없이 흐물흐물 거린다. 모험 본능을 일깨워 이 길을 달려간 수많은 자전거 보르트레커Voortrekker, 아프리카어로 '개척자'라는 뜻 선배들의 용기에 경외심을 감출 수 없다.

의욕이 충만했던 근용과 병무도 힘에 겨운 눈치다. 아직은 자전거 여행이 서툴다. 자전거 앞뒤로 걸쳐 놓은 4개의 패니어[자전거용 짐가방]로도 모자라 핸들 가방과 스포츠 가방, 배낭 등을 리어 랙에 올려놓으니 이것이 우리 삶의 무게가 된다. 헉헉대며 오르막을 오르는 힘든 순간에도 둘은 웃어넘긴다. 초심의 힘이다. 선택에 대한 책임이 주어지고, 최선으로 당당히 꿈을 펼쳐 보이는 그래, 그것이 젊음이다.

자전거 여행은 정직하다. 속도와 방향을 정하고, 실행하는 모든 단계가 기계보다 더 정밀한 육체에서부터 시작된다. 그리고 정신은 길 위에서 의미를 찾는다. 땀과 눈물과 거친 호흡으로 버무린 대장정의 감흥은 한 잔 콜라와 함께 이야기가 되어 내 것이 되고 또 네 것이 된다. 그러나 이제 시작한 길, 벌써부터 설레발을 떨 여유가 없다.

오래지 않아 루스텐버그[Rustenbug]가 나온다. 백인 개척자들이 아프리카 흑인들의 공격을 막아내면서 잠시 쉬어갈 수 있었던 '휴식[rust]'에서 그 이름을 따온 곳이다. 이곳의 백미는 역시 세계 최대의 백금광을 꼽을 수 있다. 얼마나 함유량이 많은지 과장 좀 보태자면 민둥산이 모두 백금으로 빛나 보일 정도니까. 이것이 정복자에겐 행운이었고 원주민에겐 잔인한 악몽이 되었음은 두말할 나위 없다.

1886년 요하네스버그 근처에서 금이 발견된 이후 이 지역도 상당한 엘도라드 열풍이 불었다. '하얀 샘의 능선'이란 뜻의 비트바테르스란트[Witwatersrand]에서 시작된 금맥 찾기 신드롬이 급속도로 번져 결국 다이아몬드 등 천혜의 자원이 매장된 지역을 중심으로 영국과 전쟁을 치르는데 이것이 그 유명한 보어 전쟁[Boer War]이다.

보어 전쟁의 주된 이유가 보어인들이 오이틀란더[uitlander, 트란스발의 금광과 다이아몬드 광에서 일하는 이주민으로 주로 영국인]의 시민권을 인정하지 않는 것을 빌미로 영국군이 공격했다고 하지만 실은 광물 자원에 대한 천착이 더 설득력 있다고 봐야 할 것이다. 주변의 금 잔치가 얼마나 화려한지 루스텐버그의 북쪽에 위치한 '아이들의 라

스베가스'라는 찬사가 쏟아지는 선시티Sun city에 가면 금빛을 머금은 사자상과 원숭이상을 볼 수 있을 정도다.

도로는 한적하고, 차량 이동도 뜸했다. 작은 마을인 그루트 마리코Groot Marico를 넘어 점심 식탁을 맞았다. 원래는 '플랫웨어리스flatwareless' 여행을 각오하고 나온 길이다. 식사에 필요한 수저나 포크, 식기류 따위를 쓰지 않는 정말 자연스

러운 여행을 하자는 의미였다. 물론 그 안에는 최소의 비용으로 버티자는 계산도 깔려있다.

다시 최소의 비용에는 두 가지 의미가 부여된다. 하나는 공정 여행의 취지에 맞게 되도록 현지인들이 먹는 음식을 먹으며 그들의 문화를 체험하는 것이고, 다른 하나는 이렇게 해서 아낀 비용을 다시 아프리카에 기부로 되돌려 주자는 취지다.

하지만 첫날이니만큼 점심은 만찬이었다. 장도를 떠나기 전 프리토리아 한인교회에서 교제를 나눴던 박훈 목사님께서 김밥과 햄버거 등을 정성스레 싸 준 것이다. 성인은 음식을 정으로 먹고, 속인은 음식을 허기로 먹는다는데 우리는 이 두 가지를 모두 느낄 수 있었으니 퍽 감사한 일이다. 한 입 먹을거리에서 성인의 예[禮]와 속인의 락[樂]을 함께 찾는 부요한 사치를 누려본다.

식사 후 이완된 근육을 더욱 바짝 조였다. 오후 내내 쉬지 않고 달려 우드바인[Woodbine]에 도착했다. 해는 홍조를 띠며 지평선 위에 걸터앉았다. 어떻게 잘 것인가는 고민하지 않는다. 어디에서 자느냐 만의 문제일 뿐이다. 텐트의 안식을 믿기 때문이다. 고민하고 있는 무렵 한 트럭이 다가왔다. 보어인이다. 아프리카 시골에서 백인을 만난다는 건 생경스러운 일이다.

"게임 리저브에서 텐트를 치고 야영하세요. 물론 무료로 제공해 줄게요."

금렵구에 자신이 운영할 게스트 하우스 공사가 한창인데 건물 앞 공터에 텐트를 치면 된단다. 마땅히 잠자리를 찾지 못했던 우린 물론 오케이로 응답했다. 그의 트럭에 자전거 세 대와 모든 짐을 다 올려놓고 숲 속으로 거친 비포장 길을 달린 지 20여 분. 그러나 사위가 어둠에 잠긴 후 도착했을 때 모두의 표정은 암울해져 있었다. 우리를 바라보는 마흔 개의 검은 눈동자가 희번덕거렸기 때문이다.

첫 여행, 그날 밤

멍하니 아무 일도 할 수 없었다. 시간이 흐를수록 눈망울은 오히려 또렷해졌다. 도무지 잠을 이룰 수 없었다. 신경이 날카롭게 곤두섰다. 부르르 떠는 몸 위로 한 두 방울의 이슬이 맺히더니 어느새 온몸이 축축해졌다. 우리는 세렝게티 Serengeti 초원의 길 잃은 영양 새끼들처럼 가냘픈 맨몸과 두려운 시선으로 어둠의 장막을 응시했다.

밤이 가고, 새벽이 오고, 달이 뜨고, 별들이 명멸하는 순간에도 숲 속의 긴장은 좀체 풀어질 기미가 안 보였다. 텐트도 칠 수 없었고, 숙면은 더더욱 취할 수 없었다. 행여 물건을 강탈당하지 않을까 하는 염려에서다. 허연 입김이 피어오르고, 새벽 4시가 되자 자꾸 감기는 충혈된 눈을 비비며 이 밤의 신세를 무겁게

투덜댔다.

역시 무리였던 것일까. 행정 수도 프리토리아를 출발해 자전거로 도로를 지치고 도착한 첫 숙박지인 우드바인의 밤은 길고, 춥고, 무서웠다. 게임 리저브[금렵구]에서 우리를 훔쳐보는 도깨비불 같은 눈동자가 나타났다 사라지기를 벌써 수차례. 야영할 곳을 찾아 통성명도 하지 않은 보어인을 따라 깊은 숲 속까지 따라왔다가 그가 떠난 후 우리는 스무 명이 넘는 흑인 무리들을 마주한 채 그렇게 떨고 있었다. 선입견 때문일까. 지배 계급에 의해 고된 노동으로 삶이 거칠어 보이는 흑인 무리가 몹시도 두려웠다. 아프리카 자전거 여행이 자칫 첫날밤에 물거품이 될지도 모를 일이었다. 운수가 나쁘다면 말이다.

'각오하지 않았다면 시작하지 말고, 배움이 없다면 포기하지 마라.'

내가 자전거 세계 일주를 시작할 때 일기장 맨 첫 장에 기록한 구절이다. 아프리카 자전거 여행은 내 인생 무엇과도 견줄 수 없는 최고의 도전이다. 혹자는 치열하게 살아야 할 젊은 시절에 웬 방랑벽으로 장기 여행이냐며 빈정댄다. 또 어떤 이는 충고랍시고 훈계조로 말한다. '현실도피'가 아니냐고. 그럴 때마다 나는 대답한다. '현실 도피보다 꿈으로부터의 도피가 더 비겁한 것' 아니냐고.

젊음이란 단어와 함께 두어서는 안 될 단어는 편안함이란 것을 기억하기로 했다. 이 길 끝에서 분명 값지게 주어질 인생의 또 다른 길이 있을 거라고. 청춘의 가슴은 숨만 쉬라고 있는 게 아니라 꿈을 꾸라고 있는 것을!

우리는 매트리스만 펼친 채 흙바닥에 누웠다. 찬 공기를 마시며 여기저기에 젖는 이슬에 움찔하며 도란도란 서로의 이야기를 나눴다. 반대편의 웅성거리는 소리가 잦아들 기미를 보이지 않았으므로 차마 눈을 감을 수 없었다. 졸음을 쫓아내자 눈이 더욱 말똥거린다. 뺨 위를 훑고 가는 작게 이는 바람에도 몸을 잔뜩 웅크린다. 빨갛고, 노랗고, 파랗고, 흰 별들이 있다는 사실을 로키산맥을 넘나든 때 이후 다시 한 번 확인한다.

'슝~' 순식간에 떨어지는 별똥별은 작은 우주쇼가 되어 두근두근 설레게 한다.

안정된 계획대로 움직이기보다 순간순간의 기지와 용기와 필요한 이런 모험이 좋다. 불안한 확률을 움켜쥐는 짜릿함이 좋아 자전거 여행을 한다. 아늑한 실내 숙소에서 잤다면 결코 경험할 수 없었을 것이다. 자연 속에 한 점 풍경이 되어 세상이 잠든 시간에 세상에 깨어 온 몸을 맡기는 것, 도무지 격하게 뛰는 가슴이 진정되지 않는다.

새벽 5시, 길고 긴 하룻밤을 넘겼다. 맨땅바닥에서 추위를 버티고 보낸 아프리카 자전거 여행의 첫날밤이었다. 염려했던 일은 일어나지 않았다. 부지런히 새벽 동자를 준비하는 그들을 보니 어젯밤에 마주한 것과는 사뭇 다른 얼굴이었다. 쳐진 큰 눈에 손들어 순박하게 인사하는 모습이 참 선해 보였다. 화장실 가는 길에 본 그들의 잠자리는 눈물겨웠다. 먼지 풀풀 나는 시멘트 바닥에 달랑 담요 때기 하나 깔아 놓은 빈곤한 쉼터라니. 어떻게 이럴 수 있단 말인가? 흑인과 노동자 두 단어가 만나 파생시킨 환경은 참으로 가혹했다.

지난밤부터 오늘 아침까지, 야생 상태에서의 인간 역시 두려움을 가진 한낱 피조물에 지나지 않음을, 빛이 얼마나 안심과 기쁨을 가져다주는지를 체득했다. 우리를 향한 아무런 의사도 없었던 순량한 그들과 헤어질 땐 손 인사를 나누었다. 사람에 대해 의심하고 경계했던 미안한 마음이 그만 부끄러워졌다. 그 마음 기억하며 다음번에 같은 일이 반복되길 바랐다. 그땐 꼭 온몸으로 뜨겁게 안아주리라 다짐했다. 이제 하나하나 배워가는 나는 허점투성이 자전거 여행자다.

자연 속에 한 점 풍경이 되어 세상이 잠든 시간에
세상에 깨어 온 몸을 맡기는 것,
도무지 격하게 뛰는 가슴이 진정되지 않는다.

RERUBLIC OF
BOTSWANA
달빛 아프리카 02
보츠와나

학생들에게 필요한 건, 미래

보츠와나를 향해 서진하는 동안 계속해서 야영을 했다. 레스토랑 이용을 전면 금지한 대신 길 위에서 끼니를 때웠다. 현지인과 다를 바 없는 숙식 형태를 띠니 경비를 크게 절감할 수 있었다. 행복했다. '없는 게 메리트, 있는 게 젊음'이었다. 래디컬 공정 여행에 점점 익숙해지고 궤도에 안착할 즈음 비로소 옆을 볼 수 있는 시야가 생겨났다. 남아공에서 보츠와나로 넘어가는 국경 도시 지러스트Zeerust에 당도할 무렵, 근용과 병무는 호흡을 조절하며 여유를 찾았다. 비로소 여행에 적응한 것이다.

보츠와나로 넘어가기 전 한 초등학교Renonofile Primary School에 들렀다. 마침 점심시간이었다. 수백 명의 학생들이 우리를 발견하고는 무섭게 모여들었다. 정겨운 인사는 예상했지만, 폭발적인 환영을 해줄 줄은 몰랐다. 선생님들은 우연한 만남임에도 반갑게 영접했다. 그러고는 처음 보는 한낱 자전거 여행자에게 고충을 털어놓았다.

정원 460명 중 고아들이 제법 많단다. 학교 운영이 힘들 수밖에 없다. 학교 주변은 허허벌판이다. 집에서 차를 타고 통학하는 학생은 손꼽을 정도고, 대부분 한두 시간 거리를 걸어온단다. 한 눈에도 고달파 보였다. 대화를 나누는 동안 교장 선생님은 내 손을 잡았다 놓기를 반복했다.

"저는 나탈리라고 해요. 음악 선생님이죠. 혹시 우리를 도와줄 수 있나요? 당신의 친구들에게 우리의 현실을 말해주길 부탁 드려요. 다른 것이 필요한 게 아니랍니다. 그저 책이 필요해요. 당장에 배고픔도 문제긴 하지만 의지할 곳 없는 아이들에게 먼 미래의 길을 착실히 준비시켜주고 싶어요. 언젠가 이 작은 마을에 아이들을 위한 도서관을 건립하는 게 제 꿈이랍니다."

그녀의 소박 하면서도 따뜻한 마음이 느껴졌다. 내가 이들에게 어떤 도움이 될 수 있을까? 아프리카를 종단하면서 꺼지지 않을 고민이 될 것이다. 그 고민을 계속 품겠다는 의미로 선생님과 헤어짐의 포옹을 했다. 나 같은 일개 이방인 청년에게서 희망의 씨알을 발견하려는 그들의 절박함에 목덜미가 아려온다.

드디어 국경에 도착했다. 아프리카에서 육로 이동으로 나라가 바뀌는 첫 번째 경험이다. 조금 긴장하긴 했지만, 남아공 국경사무소에서 어렵지 않게 출국 도장을 받았다. 지체 없이 바로 보츠와나 국경사무소로 자리를 옮겼다. 얼마 전부터 무비자국으로 바뀌어 큰 어려움은 없을 거라 여겼다. 총총걸음으로 들어간 내게 여직원은 산뜻한 인사를 건넸다. 하지만 내 여권을 보더니 무거운 표정과 함께 눈썹을 치켜 올렸다.

"문제가 조금 있습니다."

"네? 무슨 문제가……?"

"세금을 내셔야 합니다."

국경사무소의 분위기가 갑자기 적막에 휩싸였다.

아프리카 원색의 꿈
보츠와나

"세금이라니요?"

국경사무소 안의 모든 시선이 일제히 내게 쏠렸다. 지금껏 수많은 육로 국경을 자전거로 넘었지만, 세금 한 번 내 본 적이 없다. 당황한 내가 토끼 눈을 했다. 그러자 여직원은 시선을 피하며 냉담한 어조로 다시 재촉했다.

"당연히 세금을 내야 합니다. 오토바이를 타고 왔잖아요. 여기 신고 서류입니다."

"오, 저기 말이죠. 제가 타고 온 건 자전거인데요? 밖을 한 번 보세요."

"뭐라고요?"

그녀는 대답과 함께 중부 지방이 풍만한 몸체를 일으켜 밖을 내다봤다. 그리고 피식 새어나오는 웃음을 참지 못하고 짧게 도리질을 했다.

"맙소사, 미안해요. 멀리서 보고 당연히 오토바이인 줄 알았지 뭐예요. 저렇게 짐이 주렁주렁 달려있으니 누가 알아보겠어요? 여길 자전거로 지나는 이가 매우 드물거든요. 호호호."

여권의 빈 면으로 청명한 입국 스탬프 찍히는 소리가 들린다. 잠시 오해와 긴장으로 숨죽인 세상이 다시 기지개를 켰다. 해빙 무드가 도래하자 이제야 그녀가 좀 더 매력적으로 보인다. 새하얗고 가지런한 치아가 인상적인 여직원이 여권을 내밀며 환영 인사를 건넸다.

"웰컴 투 보츠와나! 당신의 보츠와나에서 멋진 시간 보내세요!"

보츠와나의 마른 땅 냄새가 코끝을 간질이다 못해 재채기를 만들어 낸다. 남부 아프리카의 숨은 보석 보츠와나. 아프리카 하면 거의 케냐와 탄자니아를 떠올리기 십상이지만, 보츠와나야말로 내가 찾던 신비의 땅이다.

종種을 가리지 않고 생존을 위해 오늘도 쫓고 쫓기는 생에 대한 열망으로 가득 찬 오카방고 삼각주Okavango Pelta는 그야말로 생태 자원의 보고다. 여기에 더해 전 세계에서 가장 많은 야생 코끼리가 서식하는 초베 국립공원, 부시먼으로 유명한 산San 족이 사는 칼라하리 사막은 인류가 야생 속에서 원시낙원의 정체성을 찾을 수 있는 마지막 보루이자 보츠와나의 3대 보물이라 할 수 있다.

탄자니아에 침팬지들의 어머니 제인 구달이 있다면 보츠와나에는 마크, 델리아 오웬스 부부가 있다. 국내에 『야생 속으로』란 번역본으로 소개된 이 생태학자 부부는 칼라하리 사막Kalahari Desert 연구의 선구자다. 책은 초원에서 7년 동

누구나 함부로 갈 수 없는 길을 가는
모험가의 자부심을 가져 본다.

안 최소한의 세간으로 낡은 텐트에서 기거한 내용을 담고 있다. 맹수를 포함한 야생 동물들과 말이다. 지금껏 밝혀지지 않은 야생 동물들의 특성과 오지에서의 치열한 삶의 기록들이 담겨 있는 다큐 명작이다. 덕분에 나는 이 땅을 밟기 전 컬러풀한 아프리카의 모습을 마음껏 음미할 수 있었다. 그들은 거친 황야에서 생존 가능성을 시험하고 야생동물 연구의 한계를 넘어서기 위해 어떤 상황에도 한계를 지우지 않았다. 야생에 대해 문명이 가지고 있는 편견을 하나하나 벗겨내는 그들의 작업은 정말 탁월했다. 무엇보다 현지 연구 중에 칼라하리 사막에서 무차별적으로 강행되는 자원 개발과 무분별한 토지 개발로 점점 터전을 잃어가는 동물들의 편에 선 모습이 퍽 인상적이었다. 부부는 인간 또한 과거에는 야생 속에서 하나였음을, 자연이 없으면 인간도 없는 상호보완 관계의 중요성을 역설하며 생명의 숨결을 질식시키려는 정부와 기업을 상대로 목울대를 세웠다. 나도 모르게 주먹을 불끈 쥐게 된 장면이다.

이렇듯 어느 곳보다 태고의 신비로 야생의 장막을 쳐 놓은 이 길에 이젠 내가 있다. 비록 마크, 델리아 오웬스 부부처럼 아프리카를 뜨겁게 이해하고 사랑하며 큰 족적을 남기지는 못하겠지만, 대신 누구나 함부로 갈 수 없는 길을 가는 모험가의 자부심을 가져 본다.

다시 심장에 시동을 걸었다. 늦은 오후, 하루 일을 마치고 귀가하는 흙길을 차는 맨발들이 보인다. 이들과 시선을 맞추고, 인사를 건네는 순간 남아공과는 비교할 수 없는 평안이 온몸을 휘감는다. 해거름에 자전거는 그리메를 끌고 오고, 낯선 이방인을 살갑게 대하는 그들의 미소는 온기를 끌어온다. 순간 나는 예감했다. 생각보다 꽤 따뜻한 자전거 여행이 될 것 같다고.

자연과 문명의 충돌

우리는 아프리카 자전거 여행이라는 공동 목표 외에도 다들 나눔에 대한 마음을 갖고 있었다. 마침 국경 근처 도시인 로바체Lobatse에서 차로 30여 분 거리의 굿 호프Good hope란 마을에 한국인이 거주하고 있다는 소식을 들었다.

"아이고, 대한의 청년들, 어서들 오시오. 환영합니다."

얼굴 곳곳에 덕지덕지 깊이 팬 묵은 주름이 꼭 대들보에 갈라진 틈 같다. 나직이 세월의 흔적을 속삭인다. 고희를 목전에 둔 김종암 할아버지는 아내가 잠시 한국을 방문한 까닭으로 혼자 지내고 있었다. 예순이 훨씬 넘은 나이에 아프리카에 와서 그간 말 못할 고생이 많았던지 엷은 미소 속에 회한이 보이는 듯하다. 일행을 그지없이 반갑게 맞아 준다. 현지인들과 함께 지내는 공간에 마침 일

거리가 있단다. 하지만 무엇보다 한국인이 그리웠을 게다.

굿 호프는 주로 츠와나Setswana어를 쓰는 보츠와나에서 유일하게 영어식 표기를 사용하는 지역이다. 부계사회가 강하고 연장자가 우대받는 이곳은 원래 자연환경이 척박했다. 오랫동안 전형적인 씨족 사회로 맥을 이어오던 마을은 그러나 현대에 들어 서구 문물과 사상의 유입으로 사회 제도의 변혁이 불가피해졌다. 이로 인해 전통적인 대추장의 권위가 많이 사라졌고 결속력도 약해졌다.

이곳에는 25년 전부터 원주민들을 돕는 한국 자원봉사자들의 노고가 있었다. 그들이 정착할 수 있게 자립할 수 있는 교육의 길을 열어준 것이다. 우리는 도착한 다음 날부터 바로 일을 거들기 시작했다. 기술 학교와 유치원이 세워진 곳에서 숙식하며 땅을 고르고, 잡초를 뽑고, 울타리를 치기 위한 지지대를 세웠다. 작열하는 태양 아래에서 격렬한 노동을 하면 어김없이 눈앞에 핀 아지랑이를 볼 수 있었다. 쉬는 시간, 그늘로 몸을 피해 들이켜는 콜라 한 모금은 노동의 신성함과 고됨 속에서 잠시나마 해방구가 되어 준다.

"나이가 있으니 이제 인생의 마지막을 정리하는 때이지요. 나는 다만 참된 가치를 찾아 지구 반대편까지 날아왔어요. 한국에선 여건이 녹록지 않지만, 여기에선 내가 할 일이 많더군요. 내가 지내는 공간에서 현지인들에게 잠자리와 일자리를 주는 것이 내 소박한 꿈이랍니다."

그러니 그 의미가 퇴색되지 않도록 더 매진해야 한다. 까맣게 탄 얼굴 모두가 열심히 일한 증거가 될 순 없지만, 열심히 일한 자의 얼굴은 반드시 까맣게 된다. 우리는 며칠 간 바지런을 떨며 흙길을 정비하고, 잡초를 제거했으며, 지지대 작업까지 마무리 지었다. 무엇보다 함께 식사하며 도란도란 얘기꽃을 피우는 시간이 즐거웠다. 그의 외로움을 위로할 수 있는 유일한 시간이었기 때문이다.

천 년 바람에도 돌부리를 쥐고 서서 기개를 굽히지 않는 소나무 같았던 젊은 시절과 지금은 작게 이는 바람에도 흩날리는 민들레 홀씨 같은 그의 얼굴이 너울거리는 촛불 사이로 묘하게 대조되었다. 그렇게 일주일 동안 보츠와나의 대지와 씨름하며 근용이와 병무 모두 기분 좋은 시커먼스가 되었다.

봉사 이후 염두에 둔 오카방고 삼각주 투어는 깔끔하게 포기했다. 청년의 도전 정신을 무력화시키는 부르주아의, 부르주아에 의한, 부르주아를 위한 지극히 자본 지향적인 프로그램이었기 때문이다. 가난하다고 해서 왜 사파리 여행의 낭만을 모르겠는가. 하나 본유적 빈곤의 옷을 입은 프롤레타리아 자전거 여행자에겐 겸허하게 받아들여야 하는 독한 진실이다.

대신 칼라하리 사막에 가기로 했다. 영화 부시먼으로 유명한 산족을 만나기 위해서다. 오지 여행은 늘 흥분되는 일이다. 자전거로 갈 수 없는 모래사막이라 우리는 마침 그곳에 구제활동을 하러 들어간다는 한 선교사의 차량을 섭외하고, 텐트와 물 등 이틀 동안 지낼 모든 장비를 챙겼다.

떠나기 전날 찰스가 우리를 픽업하러 왔다. 그는 원주민들을 돌보는 백인 목사였는데 그 일에 필요한 자금을 마련하려고 봉사와 사업을 병행하고 있었다. 고국 보츠와나에 대한 자부심도 대단했다.

"내가 태어난 고향이고, 또 살아갈 나라이며, 죽을 때까지 이곳 흑인들과 함께 머물 테니까요."

그를 알게 된 건 부인이 한국인이었기 때문이다. 보츠와나에서 남편을 도와 현지인들을 돌보는 유미향 씨가 우리를 초대해 준 덕분에 오랜만에 한국인의 정으로 수다 떨며 유쾌한 저녁 식사를 만끽했다. 돌아가는 길, 추적추적 내리는 비로 도로는 차끈했다. 찰스는 신중한 남자였다. 늘 진지한 태도로 일을 처리하고

관계를 만들어나갔다.

"사업을 하면서 단 한 번도 경찰에게 뇌물을 준 적이 없어요. 법이 정해놓은 원칙이 있는데 당연히 원칙을 따라야 하는 것 아닌가요? 불편할 때가 없는 건 아니지만 옳은 길을 가는 것이 더 중요하니까요. 교통경찰도 마찬가지예요. 예전엔 매번 얼토당토않은 트집을 잡으려 했지만, 그때마다 정당하게 따지고 원칙대로 나갔어요. 오죽하면 이젠 내 차만 보면 경찰들이 먼저 알아서 보내준다니까요."

그는 자신에게 긍정적인 울타리가 되어 줄 백인 공동체로 들어가지 않고 흑인들과 어울려 살기를 원했다. 때문에 백인 중심의 인종차별에 대해 불편한 심기를 감추지 않았다. 백인이든 흑인이든 모두가 하나의 보츠와나인이라는 것이다. 찰스네 가족은 우리가 근처에서 머무는 동안 아예 흑인들이 머무는 외곽 지역으로 이사했다. 불의에 타협이 없는 그의 얘기는 몽매한 타협 숙주妥協宿主인 내게 자극이 된다.

바로 그때였다.

"오, 맙소사!"

"악!"

생과 사의 갈림길은 불현듯 찾아온다. 1초나 되는 시간이었을까. 아니 찰나였다. 살아가면서 순간이 억겁의 시간처럼 길게 느껴진 적이 또 있었던가. 30년 삶을 압축한 1초짜리 모노 영화가 되어 스크린 속으로 빨려 들어가는 느낌이었다.

파열음과 함께 격한 충격이 전해졌다. 차 안은 아수라장이 되었다. 상황을 제대로 파악할 때까지 선불리 피해를 예상하지 못했다. 헤드라이트를 켜고 달리는 중에 갑자기 출몰한 소 떼와 정면충돌했다. 빗속이라 시야 확보가 되지 않았다. 워낙 갑작스러운 통에 브레이크 밟을 여유도 없었다.

소의 격렬한 울음소리가 습한 공기를 뚫고 대지에 쩌렁쩌렁 울려 퍼졌다. 찰스도, 근용도, 병무도, 그리고 나도, 급히 확인해 보니 크게 다친 사람은 없었다. 천만다행이었다. 두 가지 이유가 우릴 살렸다. 하나는 찰스 덕분이다. 한적한 도로였음에도 그는 차분히 규정 속도를 지켰다. 조금만 더 빨랐더라도 운명이 달라졌을지 모른다. 다른 하나는 모두 안전띠를 매고 있었다는 점이다. 사소한 교통 법규 준수가 큰 화를 면하게 해 준 것이다.

차는 찌그러진 깡통처럼 반쯤 부서졌다. 그런데도 차에서 내려 36.5의 온기로 의지에 따라 걸어 다니는 건 천운이라고 할 수밖에. 쓰러진 소는 얼마간 고통스러워하다 이내 자리를 옮겨 나무 아래로 들어가더니 그대로 주저앉아 버렸다. 푹신하고 거대한 몸체가 사고 순간 모든 충격을 흡수한 것이다.

보츠와나의 도로 법규상 교통사고의 책임은 소 주인에게 있단다. 가축을 통제하지 못해 일어난 사고라는 이유다. 반대로 아프리카 다른 나라에서는 운전자에게 책임이 부과되기도 한다. 그래서 도로에서 가축을 치는 사고가 생기면 보상을 해야 한다. 재밌는 해석이다.

사실 찰스에게는 아픔이 있다. 그의 동생도 1년 전 동물을 피하려다 교통사고로 그만 명을 달리했다. 그런 그에게 또다시 악몽이 되살아나는 시련이 찾아온 것이다. 보츠와나는 동물 때문에 생기는 교통사고의 수가 매년 적지 않게 보고된다. 우리는 즉석에서 누가 먼저랄 것도 없이 다음 날 예정된 칼라하리 사막행을 취소했다. 여행을 강행하기엔 아무래도 분위기가 무거웠다.

추적추적 내리는 비로 날씨는 더욱 쌀쌀해졌고 어둠 속에 사고 수습까지 늦

어져 추위를 이겨내기 위해 발을 동동 굴렀다. 흥분된 상태를 진정시키기 위해 차 시트에서 주워 온 유아용 장난감 퍼즐을 완성하고 보니 'God cares me'라고 씌어 있었다. 우연한 발견이겠지만, 우연으로 받아들이기엔 상황이 극적이다. 단어 하나하나가 의미 있는 몸짓이 되어 묵직하게 가슴에 파고든다.

아프리카 자전거 여행을 시작하기 전, 필요에 탐닉하고 천착하는 여행이 아닌 충분함에 감사하는 여행이 되리라 기대했었다. 아무것도 없으면서 동시에 모든 것을 다 갖춘 말랑말랑한 환상이 있는 곳, 광야를 달리면서 말이다. 이곳이라면 상황을 뛰어넘는 감사가 있을 것이라 확신했다. 허연 입김이 꽃을 피우는 지금, 정말로 그 감사를 겸허하게 만끽하는 시간이 되고 있다. 구제불능 낙천주의는 이렇게 또 하루를 감사로 마무리한다.

어느 날 경비행기로부터 생각 없이 버려진 빈 콜라병이 사막 한가운데 떨어진다. 신의 물건이라고 여겼던 이 콜라병이 희비극의 모티프가 되어 영화는 부시먼들의 문화충격에서 오는 유쾌한 발상을 다룬다. 동시에 빈 콜라병으로 야기된 문명 세계와의 접촉을 통해 문명이 가져다주는 의미를 다시 한 번 생각하게 하는 진지한 성찰도 담아내고 있다.

이번 여정은 어린 시절 기억 속에 타잔과 더불어 가장 아프리카적인 캐릭터였던 부시먼을 볼 수 있는 절호의 기회였다. 그러나 살다 보면 미련 없이 뜻을 접어야 할 때가 생긴다. 때론 포기가 상황을 보는 지혜를 길러준다. 만나지는 못했지만, 여전히 나의 마음속에는 부시먼이 아프리카의 슬픈 영웅으로 남아 있다. 영웅이되, 슬픈 것은 그들의 조슈아 트리Joshua tree 같은 야성적 기개가 자꾸 불도저 같은 문명 앞에 힘없이 짓밟히기 때문이다.

언젠가 다시 칼라하리에 오게 된다면 콜라병 때문에 희화화된 그들이 아닌 거친 광야에서 쇠심 같은 생명력으로 늠름하게 가슴을 편, 작은 체구에도 큰 기상을 바라보는 진짜 사나이들을 만나길 고대해 본다. 그땐 나도 하루쯤은 팬티만 걸치고, 창 하나를 가지고, 세찬 바람에 맞서는 꽤 낭만적인 전사가 되어 보련다. 단, 맹수 사냥 시에는 무리 뒤로 빠지는 당당한 솔직함도 애써 감추지는 않으리라.

'God cares me'

기계치의 무장 해제

살다 보면 누구에게나 머피의 법칙이 일어나기 마련이다. 머피의 법칙 핑계로 투정 좀 부려보자. 내 경우 자전거 여행 중에는 꼭 손 쓸 수 없는 곳에서 탈이 난다. 어쩜 그렇게 얍삽하게 재기再起의 사각지대에서 사고가 일어나는지 모른다.

보츠와나에서도 예외는 아니다. 로바체에 들어오면서 라이딩 중 돌연 자전거 앞바퀴가 빠져 버렸다. 손 쓸 새도 없이 중심을 잃고 고꾸라졌다. 하마터면 프레임의 날카로운 부분에 얼굴이 찍힐 뻔했다. 위험천만한 순간이다. 내리막이나 혼잡한 차도였으면 큰 사고로 이어질 수도 있었다. 남아공에서 자전거 조립과 정비를 전문가에게 의뢰해서 만전을 기했기에 허탈감은 더 컸다.

나는 심각한 기계치다. 복잡한 기계만 보면 앞이 캄캄해지고 입맛도 뚝 떨어진다. 그래서인지 심지어 전자기기를 쳐다보기만 해도 고장이 나는 것만 같은 착각에 종종 빠진다. 가히 마이너스 손의 대가라 칭할 만하다.

자전거는 교통수단 중에서 가장 단순한 기계 조합이다. 그런데 이 단순한 애마가 복잡한 사람 마음을 헤아리는 도술을 부린다. 심장과 근육으로 밀어가는 무동력 모험의 환희는 차가운 금속성 이동 수단에서는 결코 누릴 수 없다. 기술의 완성인 비행기나 고급 자동차에 비하면 한낱 미물에 준하는 위치지만 그 어떤 수단보다 땀의 의미를 곱씹어보게 한다. 더위와 타는 목마름으로 곧 죽을 것 같은 여로에도 결코 자전거를 포기할 수 없는 이유다.

그런데 자전거에 대한 예찬을 반복하기가 민망하게 두 번째 사고가 터졌다. 마하라페[Mahalapye]로 가는 길에 또다시 앞바퀴가 빠졌다. 결함을 파악했는데 하필 앞바퀴의 허브 부분을 정비해야 하는 문제를 안게 됐다. 이곳에선 베어링 부품을 구할 수 없었다. 임시처방으로 버텨야 했다. 3km 갈 때마다 계속 만져주었다. 불편함에도 앞으로 나아감은 언젠가 만날 오아시스에서 격하게 환호할 순간을 위해서다.

자연의 박동 소리와 내 심장 소리가 하모니를 이룬다. 세상 끝까지 펼쳐져 있을 것 같은 쭉 뻗은 도로에서는 바람의 소리만 귓가를 간질일 뿐이다. 나는 침묵을 경청한다. 침묵으로부터 논증이 된다. 도무지 풀릴 것 같지 않은 난제에 침묵은 가장 확실한 대답이 된다.

침묵을 통해 자연에 한 점 풍경이 되는 법을 배운다. 나는 다만 침묵을 할 뿐인데 많은 이야

기들이 들려온다. 물을 긷는 아이로부터, 조악한 품목을 매매하는 노점상으로부터, 그늘 아래 한가로이 담배를 피며 젊음을 탕진하는 청년으로부터 결코 가볍지 않은 삶의 이야기가 보인다.

자연에서 보는 이야기도 물론 극적이다. 광야 위에 있는 모든 것들, 하늘과 해와 바람으로부터 전해지는 깊은 묵상에 잠겨 무한자유의 감동을 만끽한다. 그리고 그 감동 나눌 이 없는 나만 알아챈 쉽게 젖은 환희에 뒷목이 뻐근해진다.

「인생은 나에게 술 한 잔 사주지 않았다」에서 정호승 시인이 말했다. 내가 누군가의 손을 잡기 위해서는 내 손이 빈손이어야 한다고……. 그런데 환희 속에서 내 모든 기관은 자연을 껴안고 있지만, 귀만큼은 딴 세상에서 놀고 있었다. 자연의 손을 잡기에 나는 욕심이 너무 많은 존재였다. 심신의 균형이 깨지고 있었다. 시끄러운 전자 음악은 물론 결 고운 음률로 편곡된 클래식마저도 영적 공해가 될 뿐이었다.

온몸으로 자연을 껴안고 싶었다. 거추장스러운 존재를 떼어내야 했다. 곧 아이팟으로부터 이어폰을 뺐다. 그리고 뺨을 훑는 바람 소리에, 거칠게 내뿜는 호흡 소리에, 길 위에 쩍쩍 붙어 굴러가는 바퀴 소리에 집중했다. 그제야 여행하는 소리를 들을 수 있었다. 비로소 심신의 균형이 잡혔다. 이 길을 더 집중하고, 누리게 되었다. 이것이 최고의 자전거 여행이 아니고 무엇이랴. 기계치에서 무장해제되는 그야말로 순도 100%짜리 진짜 라이딩을 하는 기쁨이다.

그대, 첨단 문명의 이기로 무장한 자전거 여행도 좋겠지만, 할 수만 있다면 거침없이 벌거벗은 아날로그 향수에 빠져라! 길을 잃었다고 불평할 게 아니라 새로운 길을 가게 되었노라고 신 나게 노래하라! 안락한 호텔을 빠져나와 땅에 입 맞추고, 하늘을 이불 삼아라! 모험을 하자! 그대를 위해, 그대만이 갈 수 있는, 그대만의 길을 떠나자!

전기 없는 세상, 더 많은 별을 보다

먹빛 하늘에서 종일 비가 내린다. 마하라페는 종일 우울한 날씨다. 자전거 위에서 나는 마리오네트marionette인 것만 같다. 내내 동작이 단순하고 반복적이다. 비로소 자유의지가 찾아들 땐 먹을 때와 잘 때뿐이다.

오늘도 잠잘 곳을 찾아야 한다. 하루 중 가장 중요한 일과다. 따뜻한 샤워에 김 모락모락 피는 김치찌개 생각이 간절하다. 아니면 따뜻한 방바닥이라도 그저 고맙다. 하나, 주어진 상황이 녹록지 않다. 예측 불가능한 아프리카에서 나는 본능적인 확신을 가졌다. 결국은 감사로 끝날 하루라고.

숙소를, 정확히는 텐트 칠 자리를 알아보는 중에 따뜻한 초청이 들어왔다. 자동차 정비소에서 일을 하는 맥스Max라는 친구가 어머니 댁 공간에 텐트를 쳐도 된다는 것이다.

"방이 없어서 미안해요. 방마다 식구가 여럿이 자거든요."

"무슨 말씀인가요? 우리에겐 최고의 공간입니다."

별채 부엌 옆에 창고로 쓰이는 공간이었다. 그의 누이와 조카가 우리가 불편하지 않도록 급하게 청소해 준다. 창고 옆에는 덜 익은 수박과 채소들로 가득했다. 팔기엔 값어치가 없지만, 식구가 철을 나기엔 충분해 보였다.

비라도 피한 게 어딘가 싶다. 눅진한 흙냄새가 펄펄 풍기는 실내에 텐트를 쳤다. 침낭에 몸을 들이미니 번데기가 된 기분이다. 아늑하다. 정말 아늑해서 저녁 식사 생각이 달아날 만큼 몸을 움직이기조차 싫어졌다. 하이테크 시대에서 승자독식의 피비린내 나는 경쟁에 놓여 있다가 이젠 누울 자리만 있어도 행복한 인생이 되었다. 그냥 남들과 다른 곳으로 시선 한 번 돌렸을 뿐인데 말이다.

저녁 만찬으로는 옥수수 통조림과 과일이 전부다. 조리해 먹기가 여간 번거롭지 않아 아예 버너와 코펠을 두고 왔다. 식단은 매번 대동소이하다. 라이딩 중엔 잼 바른 빵과 과일, 옥수수 통조림으로 돌려가며 속을 달래고 있다.

식사 중에 비가 그쳤다. 귀찮긴 했지만, 양치만은 하려고 오들오들 떨며 밖으로 나왔다. 콜라 중독으로 치아 상태가 좋지 않아서다. 밤이 내린 세상, 주위는 고요한 어둠에 잠겼다. 밤의 침묵은 낮의 침묵보다 어째서 더욱 로맨틱한 것일까. 나는 보았다. 하늘에 무수히 떠 있는 별들을. 어두워서 더 밝게 빛나는 1,082개의 별들을.

'어제보다 100개가 줄었군.'

나는 고개를 젖혀 별자리를 가늠해 보며 싱거운 혼잣말을 내뱉었다.

문득 전기가 없는 것에 대해 생각한다. 아프리카에 왔지만 틈만 나면 컴퓨터와 아이팟을 사용하고 무의식적으로 전기에 의존하는 나를 본다. 전기 없이는 하루 나기도 힘겨워하는 나는 여전히 문명 제도권을 벗어나지 못하는 문제적 현대 인간이다. 그런 내가 광야의 길이라니 당치도 않다. 자연의 섭리는 하얗게 발하는 가짜 빛에 마음 두며 살아가란 소리를 하지 않았다.

전기는 일상의 혁명을 가져다주었지만, 일상의 소소한 보물을 빼앗아 가기도 했다. 명멸하는 별빛을, 밤이 오는 소리를, 건강히 자야 할 때를……. 앞으로도 우리는 편리한 것들을 얻기 위해 얼마나 또 자연스러움을 잃어야 하는 걸까.

전기 없는 밤, 하늘에 박혀있는 유난히 청초한 별빛들이 눈을 정화시키는 작품이 되고 콧등 시린 감동이 된다. 어느샌가 수줍게 내 가슴에 들어온 줄도 모르고. 벌써 몇 분을 멍하니 고개 젖혀둔 줄 모르고.

'이 별은 나의 별, 저 별도 나의 별…….'

온통 별천지 틈에서 나는 어둠 속에 덩그러니 홀로 남아 살짝 외로운 감정을 유치하게 달래고 있다.

나의 너, 플로잉 문화

청춘 엔진에 제한속도는 없다. 마하라페에서 출발해 넘치는 혈기로 종일 북진하며 팔라페Palapye를 지나 세룰레Serule에 도착했다.

"두멜라Dumela, 안녕하세요."

"두멜라Dumela."

"췰렐라 필리Tswelela Pele, 계속 달려가세요!"

격의 없이 건네고 받는 인사에 힘이 난다. 아프리카에서 가장 조용한 나라로 손꼽히는 보츠와나에서 가장 조용하기로 소문난 마을인 세룰레는 명성 그대로 고요하기 그지없다.

14년간 군인으로 복무한 53세의 나메조 세첼레Nametso Sechele. 숙소를 찾아 두리

번거릴 때 안마당에 텐트를 치라며 기꺼이 자신의 집을 개방해 준 은인이다. 그의 사촌 타볼로호 레조와도 반갑게 맞아준다.

그간의 수입을 모아 너른 안뜰에 1년 동안 직접 지었다는 집은 멋스러운 넉넉함이 있었다. 성실함을 칭찬한 와이프는 짐바브웨 출신이다. 그가 짐바브웨로 일하러 갔을 때 지금의 아내를 보고 반해 청혼했단다. 2남 2녀 중 세 아이는 수도 가보로네Gaborone에서 공부하고 딸만 부모와 같이 살고 있었다.

"보시다시피 평화롭기 그지없는 마을이지요. 난 아무 일도 하지 않는답니다."

"그럼 어떻게 지냅니까? 아이들 학비도 필요하고, 생활비도 있어야 할 텐데요."

"사실 소를 방목해서 키운답니다."

"소를 매매하는 건가요?"

"아니에요. 난 14년 군인 생활을 그만두고 퇴직금으로 소들을 샀어요. 보츠와나는 플로잉 문화가 발달해 있지요. 해서 소의 노동력을 이웃에게 제공한답니다. 그러면 이웃은 수확한 작물의 일부분을 주는 거지요. 물론 소를 매매할 때도 있지만, 극히 드문 일입니다. 소를 살만한 여력이 있는 집이 별로 없거든요."

"나 역시 이웃 농장에 가서 품을 팔아요. 꼭 돈이 아니더라도 작물로 받는 경우도 많아요. 어떨 땐 달걀을 받기도 해요."

밥 말리와 피타토시 광팬이라는 레조와가 사촌 형의 말을 거든다.

아프리카 일부 지역에는 우리의 품앗이나 두레와 같은 조직이 있다. 대개 화폐 통용이 원활하지 않은 작은 마을에서 오랫동안 함께 지낸 구성원들끼리 신뢰하고 의지하면서 필요를 채우는 식이다. 돈보다 더 인간적이라는 생각이 든다.

세첼레의 평화로운 언행은 우리 마음에 피스 바이러스Peace Virus를 전염시켰다.

"그런데 당신은 어째서 낯선 우리를 도울 생각을 했나요?"

"우리 속담에 이런 말이 있지요. 마보고 딘꾸 아 테바나Mabogo dinku a thebana. 남에게 베푼 친절은 언젠가 나에게 다시 돌아온다는 뜻입니다. 나를 포함한 많은 보츠와나인이 지금까지 그 믿음을 가지고 살아가고 있지요. 아마 다니다 보면 친절한 사람을 많이 만나게 될 것입니다."

우리는 세첼레의 배려에 대한 답례로 콜라 페트를 선물했다. 그 역시 샤워를 마친 우리에게 차를 권유했다. 소파에 마주 앉아 있는 것만으로도 이미 오랜 대화를 나눈 듯 편안했다. 간혹 그의 눈웃음을 마주할 때마다 나는 이 어색한 완전한 평화에 어떻게 반응해야 할지 난감했다.

"형, 이 사람들 말이야. 어떻게 이렇게 순수할 수가 있는 거지?"

"그러게, 여행을 통해 많이 배우네. 생각할 것이 많은 밤이야……."

근용과 병무는 며칠째 이어지는 예기치 못한 이 땅의 순수함에 확실히 감동받고 있었다. 내가 사는 세상은 오염된 동기들로 점철된 초超이기주의가 정당화되고 있는데, 내가 만난 세상은 정말이지 경이롭게 조용하고 친절하기만 했다. 그런 까닭으로 이 밤 나는 고민에 휩싸인다. 나는 어떤 플로잉을 하고 있는지, 어떤 플로잉을 해 줄 수 있는지 가만히 물어본다. 답은 떠오르지 않고, 오욕五慾의 때를 벗기지 못한 젊은 몽상가는 좀체 잠 못 이루며 세룰레의 긴 밤을 보낸다.

Mabogo dinku a thebana

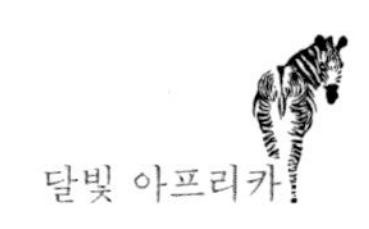

111m, 번지점프를 하다

유명한 사진작가 김중만 씨가 그의 아버지를 따라 보츠와나에서 청소년기를 보냈다는 사실을 아는 사람은 그리 많지 않다. 김중만 작가의 아버지인 김정 박사는 여기 쥬빌리 병원에서 봉사를 하며 외과의사로 일생을 바쳤다. 그 병원이 500 병상으로 확장 이전한 것이 지금의 양가베 병원이다. 보츠와나 제2 도시인 프랜시스타운Francistown에서는 그의 얘기를 쉽게 접할 수 있었다. 그래서일까. 이곳 교민 세가정 중 두 가정이 사진관을 운영하고 있었다.

자전거를 타고 먼 곳까지 왔다며 교민 가정이 모두 모여 바비큐 파티를 열었다. 고기가 입으로 들어가는지 코로 들어가는지 모를 정도로 눈물 나게 맛있는 저녁 식사다. 그간 잘 먹지 못한 설움이 머릿속에서 완전히 포맷되어 버렸다. 만찬 앞에서 여행자는 단순해질 수밖에 없다. 다음 날도 육질과 소스가 기가 막힌 립을 대접해 주었다. 황송할 뿐이다. 청년을 격려해준 이 마음 잊지 않고 다시 이 땅에 꼭 베풀겠노라 다짐했다.

오카방고 삼각주를 포기하고, 칼라하리 사막도 사고로 차질이 생겼기에 자전거를 잠시 맡겨두고 마지막 보루인 초베 국립공원과 빅토리아 폭포에 다녀오기로 했다.

프랜시스타운 버스 터미널에서 이 나라 미니버스인 콤비를 승차했다. 딱딱한 의자에 다닥다닥 붙어 앉는 것은 고역이었다. 더욱이 현지인들의 환상적인 체취에는 그만 정신을 잃어버릴 지경이었다. 7시간이 넘는 고충 끝에 작은 관광지 마을 카사니Kasane에 도착했다. 차 문을 열자마자 들이켠 공기가 이리 상쾌할 줄이야! 우리는 별 4개짜리 초베 사파리 로지Lodge를 숙소로 잡았다. 그래 봐야 캠프 사이트에서 텐트를 치는 저렴한 잠자리다. 밤에는 하마 소리를, 낮에는 원숭이의 재롱을 볼 수 있어 만족했다.

오랜만에 자전거에서 내려와 맘 편히 초베 국립공원 일몰 보트 투어를 신청했다. 1인당 30불인데도 지갑 열기가 두려웠다. 경비를 아껴 마련한 재정으로 구호 프로젝트를 준비 중이니만큼 짠돌이 여행자가 되어가는 중이다. 투어 내내 하마와 악어, 코끼리, 독수리, 도마뱀, 각종 새를 향한 관광객들의 탄성과 바삐 누르는 셔터 소리가 여기저기서 들린다. 만물의 영장 자리에서 내려와 거대한 생태계 속에 구속된 똑같은 피조물이 되는 몽상을 해본다. 바깥에서만 음미하는 관조적인 여행이 성에 차질 않는 것이다.

하이라이트는 일몰 때다. 석양을 보노라면 그 눈부신 아름다움에 말을 잃는다. 사진으로는 감히 담아낼 수 없는 장엄함이 서려 있다. 식사는 여전히 빵과

사과와 주스뿐이지만, 우리는 어느 때보다 황홀하게 허기를 달랠 수 있었다. 석양이 지고도 텐트 앞으로 밀려드는 물결과 텐트 위로 떨어지는 별똥별이 있으니 우리는 하늘을 지붕 삼아 모기를 친구 삼아 오래도록 청춘의 고민을 소재로 얘기꽃을 피웠다. 근방 하마의 울음소리에 놀라곤 했던 첫째 날과는 달리 다음 날엔 여유롭게 하마의 울음소리를 자장가 삼으며 잠을 청할 수 있을 정도로 자연에 친숙해져 있었다.

보츠와나, 잠비아, 짐바브웨 3국의 국경지대에서 쉽게 즐길 수 있는 곳으로는 초베 국립공원도 좋지만, 백미는 역시 빅토리아 폭포다. 탐험가 리빙스턴이 빅토리아 여왕의 이름을 따서 빅토리아 폭포라 부른 것으로 유명한 빅 폴은 처음에 원주민인 로지족에 의해 '천둥 치는 연기'라고 불렸다. 세계 3대 폭포인 이곳을 보기 위해 짐바브웨로 잠시 들어가야 했는데, 그즈음 다음 루트로 짐바브웨를 정했기에 멀티 비자를 신청했다.

하지만 시기가 좋지 않았다. 불과 며칠 전에 내린 많은 비로 폭포의 경치를 제대로 만끽할 수 없었다. 물보라 벽이 공중으로 300m 이상 튀어 올라 다시 내리기에 온종일 소나기를 맞은 기분이다.

그래도 그 위엄 어디 가지 않았다. 트롬본 합주곡 같은 소리의 웅장함에 놀라고 끝없이 쏟아지는 수량의 웅장함에 감탄했다. 빅 폴 구경 중 우리는 운명에 이끌리듯 폭포 교Falls Bridge로 향했다. 그리고 직감했다. 맞설 수 없는 상황에 맞서야 하는 불나방 신세가 되어버렸다는 것을.

"여기까지 왔는데 번지 점프 한번 해 봐야 하는 거 아냐?"

"물론이지, 나는 진작부터 고대하고 있었어. 하지만 너부터!"

"아니, 이런 건 양보가 미덕이지. 용기가 가상한 형님부터!"

실랑이만 10분. 폭포 다리 아래 잠베지 강은 태연하게 검은 미소를 짓고 있었다. 아래 급류를 내려 보기만 해도 온몸에 양기가 다 빠져나가는 느낌이었다. 근용과 병무는 입술을 지그시 깨문 채 결단을 내렸다. 기요틴guillotine과 다를 바 없는 공포의 점프대에 서기로 한 것이다. 심드렁해진 둘이서 똑같이 내게 묻는다.

"종성, 자네는 왜 극구 번지 점프를 마다하는가?"

"살아오면서 빚을 많이 지었네. 아직 세상을 위해 할 일이 많아. 착하게 살아야지, 암."

그러나 버틴다고 버텨지는 게 아닌 운명을 당연하게 받아들였다. 그깟 용기조차 없냐며 근용과 병무의 겁에 질린 얼굴에 파안대소하며 신 나게 놀려먹었지만, 재차 방문했을 때 끝내 내 다리에도 줄이 묶이기 시작했다.

"그럼, 잠시 요단강 좀 구경하고 오겠네."

111m 점프대 위에서 내려다보이는 저 아래 세차게 흐르는 잠베지 강은 선하게 살지 못한 지난날을 깊이 뉘우치게 만들었다. 그리고 그 점프대 위에는 태어난 이래 신의 현현을 갈망하며 가장 순수한 신앙심으로 기도하는 내가 있었다. 물론 내 옆으로는 그깟 용기조차 없냐며 겁에 질린 내 표정에 박장대소하는, 세상에서 가장 느긋하게 남의 공포를 즐기는 두 청년이 있었다. 그 날 이후 경험하지 않은 것에 대해 성마르게 비판하지 않음은 인간관계의 절대 기술이 되었다.

크리스천, 모슬렘을 만나다

말썽을 일으킨 자전거 수리가 시급했다. 펑크나 기어, 브레이크처럼 간단한 문제야 얼마든지 정비가 가능하지만 드물게 일어나는 베어링 마모에 이은 파손 사고엔 속수무책이다. 장엄한 빅토리아 폭포의 경치를 감상하고 다시 콤비를 타고 프랜시스타운으로 내려왔다. 곧 떠나기 위한 준비에 만전을 기하기 위해 자전거 숍에 들러야 했다. 보츠와나 제2의 도시지만, 아프리카 상황이 다 그렇듯 부품 구하는 것도 확신할 수 없다. 거리를 봐도 모두들 투박한 쌀집 자전거를 타지 나처럼 전문 MTB로 다니는 이가 없기 때문이다.

"오, 세상에. 이곳에 이런 자전거 매장이 있다니요?"

"하하, 아프리카 대륙 종단하는 라이더들이 늘 들르는 곳이지요. 그래, 무슨 문제 때문에 왔습니까?"

만약의 가능성을 열어 놓고 시내에 나와 현지인들에게 묻고 또 도움을 얻어 가며 두리번거리기를 20분여, 운이 좋았다. 원하는 부품이 정갈하게 전시된 자전거 전문점이 있었다. 넉넉한 풍채에서 나오는 여유로운 웃음으로 남자는 상황을 파악했다. 그는 가볍게 눈썹을 치켜들더니 매장 안 수리하는 공간으로 자전거를 끌고 들어갔다. 표정을 보아하니 그다지 어렵지 않은 뉘앙스다. 옆에는 아랍계로 보이는 두 청년이 자전거를 점검하기 위해 잡담을 나누며 서 있었다.

"수리하러 왔나 봐요?"

"네, 점검 차 들렀어요. 우린 아프리카 종단 중이거든요."

"맙소사, 나도 그래요! 친구들과 아프리카를 자전거로 여행 중이에요."

뜻밖의 만남이었다. 두 청년은 단순한 자전거 수리가 아니라 대륙 종단을 위해 종합 점검을 받고 있었다. 모험을 즐기는 열혈청년, 우린 마음이 금방 통했다. 나짐과 임티아즈는 예상대로 남아공 출신의 아랍계 청년들이었다.

"남아공에서 수단까지 갔다가 그곳에서 배를 타고 다시 사우디아라비아 메카로 향할 거예요. 도착하는 날이 바로 라마단Ramadan 기간이거든요. 중간중간 모슬렘들을 만나 교제하고, 유적지도 돌아보려 해요. 그러니까 우리 자전거 여행의 목적은 순례지요. 인샬라Insha'Allah, 알라의 뜻대로."

라마단 기간 동안 사우디아라비아의 메카를 방문한다는 것은 모슬렘들에게는 일생일대의 기회이자 축복인 동시에 신성한 의무이기도 하다. '타는 듯한 더위와 건조함'을 뜻하는 '라미다ramida' 또는 '아라마드arramad'에서 유래했다고 전해지는 라마단은 이슬람교 최대 종교 축제일 중 하나다. 그 기간 동안 경건한 모슬렘은 하루에 다섯 번 기도하는 것 외에도 모스크Masjid에 매일 가며, 토란을 읽

고 기도하는 일에 하루의 주요 시간을 사용한다.

초승달이 떠오를 때 시작하여 30일 후 다시 초승달이 떠오를 때까지 진행되는데 특별히 그들은 '밤 기도[Taraweeh Prayer]'라 불리는 특별한 기도서를 암송하면서 다섯 차례의 예배 중 첫 번째와 네 번째 예배인 새벽 예배부터 저녁 예배까지 사이에는 경건한 의무인 금식을 한다. 이 시간 동안 천국문이 열리고 지옥문이 닫히며 누구든지 금식에 참여하는 자는 과거의 모든 죄는 거의 다 용서받는다고 믿는다.

나짐과 임티아즈는 아직 이십 대 초중반으로 미래를 준비하는 과정에서 조금 더 신의 뜻을 분별하고 은총을 입기 위해 자전거를 택했단다. 여행과 신앙을 접목시켜 의미 있는 도전을 결의한 것이다.

"저 역시 종교적 순례를 가미한 여행 중이지요. 이름은 문[Moon]입니다. 영어로는 갈렙[Caleb, 구약 성서에 나오는 이름]이고요. 기회가 되면 봉사활동도 계획 중인데 아직 아프리카 적응도 버겁네요. 그런데 루트가 어떻게 되죠?"

"우리는 짐바브웨로 향할 예정입니다. 불라와요[Bulawayo]를 지나 하라레[Harare]로 가려고요."

"저도 그쪽입니다!"

"그래요? 같이 가면 좋을 텐데요."

급작스레 분위기가 훈훈해졌다. 낯선 타지에서 서로 기댈 수 있는 동지를 만난다는 건 기쁨이다. 더구나 나나 근용, 병무는 모두 경험이 일천해 여전히 아프리카 치안 상황에 대해 의구심을 품는 중이었다. 짐바브웨 동반 횡단에 관한 의견 조율이 급물살을 탔다.

"우리는 언제나 환영합니다. 함께 가고 싶다면 주저 말고 연락주세요. 우리와 함께 가는 길에 모슬렘들을 만나면 횡단하는 데 도움이 많이 될 겁니다."

행여 립서비스라 한들 종교를 넘어 말이라도 고마울 따름이다. 나짐은 수첩의 한 귀퉁이를 찢어낸 누런 종이에 자그마하게 자신의 연락처를 적어주었다. 수많은 인연들이 이런 식으로 만나고 헤어지지만, 인연이 지속되기란 그리 쉬운 일이 아님을 잘 알고 있다. 나는 이들과 함께 동행하기를 바랐다.

이윽고 수리를 마치고 계산을 하려는데 수더분한 인상의 주인이 손을 내젓는다.

"당신에게 돈을 받지 않겠습니다. 힘든 여정을 하는데 이거라도 작게 도와야죠. 신의 자비가 그대에게, 인샬라!"

"이게 우리 모슬렘의 문화입니다. 손님에게 베푸는 거죠. 알라를 믿고 따르는 사람들은 친구에게 결코 사기를 치거나 장사하며 돈을 바라는 법이 없습니다."

임티아즈가 자랑스럽게 말한다.

나는 갑작스러운 도움이 낯설었다. 식사 때가 다가와서 그런지 헛헛한 배가 채워지는 충만한 기분이었다. 아랍 상인 하면 유대인과 더불어 이재에 밝고, 상황을 이용한 술수가 능한 줄 알았건만 그런 편견을 말끔히 씻어준 고마운 제안이었다.

"고맙습니다. 덕분에 멋진 여행을 할 수 있게 되었네요."

악수를 나누고 헤어질 때 가볍지만은 않은 인연의 끌림이 다음 여로를 암시했다. 두 친구를 길에서 다시 마주할 수 있을까. 기분 좋은 불확실성을 움켜쥔 채 나는 다시 숙소로 돌아갔다.

REPUBLIC O

ZIMBABWE

달빛 아프리카 03

짐바브웨

무적의 자전거 횡단 5인조

근용과 병무는 신중히 접근했다. 근용은 차분히 분석하는 편이고, 병무는 열정적으로 행동하는 편이다. 셋이서 의견을 조율하는 중에는 서로의 생각이 다름을 보게 된다. 머릿속에서는 다름을 인정하는데 감정적으로는 쉽지가 않다. 내 입장에선 분명한데 상대방은 불확실한 경우가 있다. 그렇다고 가능성에 대해 시험해 보지도 않고 물러서거나 비판적일 필요는 없다. 우리는 일단 두 아랍계 친구를 만나보고 결정하기로 했다.

"환영합니다. 어서 오세요. 다시 만나게 되어 반갑습니다."

나짐과 임티아즈는 여전히 반기는 표정이었다. 우리가 찾아간 곳은 그들이 머물고 있는 모스크. 생전 처음 방문한 생경스런 이슬람교 회당이다. 그들은 모

스크에서 숙식하고, 코란을 읽으며, 시간마다 기도를 드리고 있었다. 신발을 벗고 실내에 들어선 우리는 다시 건물 내에 설치된 간이 목욕탕에서 수족을 깨끗이 씻었다. 자신의 몸을 깨끗이 하고 신 앞에 정결하게 나아가야 한다는 이유다.

"물 한 방울도 알라 뜻대로 써야 합니다. 낭비는 절대 안 되지요."

점심 초대라 우리는 그들의 방식대로 식사를 했다. 고기와 야채, 빵과 통조림 음식을 깨끗이 씻은 오른손으로 먹는다. 왼손은 부정한 의미이므로 되도록 일상생활에서라도 사용을 절제한다. 음식은 간소하지만 손님에 대한 예가 담겨있음이 느껴진다. 여행자가 여행자를 대접하는데 음식의 질을 논하는 것만큼 방정맞은 게 없다. 물 한 잔도 고마워하는 것이 길 위 인연들의 인지상정이다.

모슬렘 식이었지만, 그리 낯설지 않은 고마운 점심 대접이었다. 다음 날 나짐은 나와 근용이 가는 현지인 교회에 마중 겸 따라왔다. 크리스천이 모슬렘 회당으로, 모슬렘이 교회로 오는 열린 교류 속에 서로를 인정하고 이해함이 훈훈했다. 보통의 기독교와 이슬람교는 서로의 종교를 알고부터 싸늘히 추락하는 우정 곡선을 그리기 마련이다. 역사가 그랬고, 현재도 그렇다. 그러나 희망이 감지됐다. 꽤 괜찮은 그림이 나올 성 싶었다. 서로 악수를 건네면서 육중한 신뢰가 오갔다.

며칠 후, 우리 일행은 나짐, 임티아즈와 함께 보츠와나 국경을 넘어 짐바브웨의 첫 마을인 플럼트리Plumtree에 당도했다. 훅훅 끼치는 열기로 고생했으나 보츠와나 모슬렘 친구들의 전폭적 지지와 배려로 어렵잖게 국경을 넘을 수 있었다. 함께하자는 약속이 이뤄진 것이다. 짐바브웨 첫날 숙소는 모스크였다. 우리는 그들을 따르기만 하면 되었다. 특별히 모슬렘들은 손님 접대하기를 귀히 여기기에 이들은 이슬람 커넥션을 십분 활용했다. 여전히 주의를 기울여야 하는 아프리카 밤중에 나짐과 임티아즈의 리드는 밤바다의 등대 같은 것이었다.

시인 이상의 표현을 빌리자면 마치 무도회 한 무대처럼 벌레 소리가 왁작 요란스러웠다. 창문을 열면 곤충들의 오케스트라가, 닫으면 왱왱거리는 모깃소리가 밤의 침묵을 깨곤 했다. 우리는 모스크 별관에 딸린 숙소에 여장을 풀었다. 식사는 간단한 통조림과 빵으로 해결했다. 수압이 약한 수도에서 겨우 얼굴과 발을 씻고, 양치질하는 걸로 세수를 끝냈다. 이 얼마나 감사한 소박함인가.

잠자리에 들기 전 우리는 앞으로의 계획에 대해 의견을 개진했다. 5명의 리더로는 가장 어리지만 리더십이 뛰어난 임티아즈를 추대했고, 우리는 그의 지휘에 따라 움직이기로 했다. 나이와 언어를 넘어 팀원들을 독려하고 포용할 수 있는 점에 주안을 둔 것이다. 무엇보다 서로의 종교에 대해 인정하고 배려하는 시선을 가지면서 원활한 의견 교환이 이루어지고 있음이 고무적이었다. 한쪽에선 크리스천이, 다른 한쪽에선 모슬렘이, 그리고 남은 한 명의 무신론자가 조화를 이루며 또 그 속에서 각자의 방식대로 가치 있는 꿈을 그려나가고 있다. 반목도, 대립도 없는 완전한 평화로움, 마치 자췻집에 둘러앉아 치킨을 먹을 때 풍기는 그런 유토피아적 분위기였다. 치킨을 앞에 두고 싸울 이유가 하나도 없는 것처럼, 나와 다른 남을 미워해야 할 이유 역시 하나도 없다.

Mhoro? Lena

임티아즈와 파울로 코넬료

처음에는 격식을 갖추던 사이가 어느새 친구처럼 친근해져 있었다. 근용은 자신과 비슷한 성격의 나짐과 여행 얘기를, 나는 임티아즈와 주로 신앙 얘기를 주고받았다. 막내 병무는 중간에서 열심히 귀동냥을 하며 부지런한 성격대로 미처 마무리하지 못한 주변 정리를 해나갔다.

"코란Quraan의 중심 내용은 한 마디로 '신은 알라만이 유일하다No God except Allah'야. 이것은 우리에게 경건한 신앙심을 요구하지."

"성경도 마찬가지지. 유일신을 믿기 때문에. 그리고 이웃을 사랑하라는 율법이 있어 그것에 힘쓰려고 노력해. 사랑을 특히 강조하는 게 기독교지. 그렇게 살지 못하니 그렇게 살기 위해 신자들은 치열하게 묵상하고 진리에 따라야 해."

"우리도 그래. 알라는 모든 이가 평화롭기를 원해. 사실 기독교와 싸우는 게 이해되지 않을 때가 많아. 얼마든지 형제처럼 지낼 수 있는데 말이야. 가끔 과격한 모슬렘들로 인한 사건을 보며 난감할 때가 있어. 그들 때문에 오해를 받는 게 실은 유감이거든."

"나도 그 부분은 동의해. 솔직히 난 다원주의는 아니야. 하지만 다르다는 이유로 아예 반대 포지션의 사람들을 적대시하는 건 성경에서 말하는 사랑은 아니라 생각해. 요즘은 예수의 가르침을 져버리는 교회 지도자들 때문에 얼굴 들고 다닐 수 없을 정도라니깐."

탕아적 매력이 물씬 풍기는 임티아즈는 손에 들고 있던 파울로 코넬료의 책 『순례자』를 잠시 덮어두고는 나와 시선을 맞췄다.

"난 파울로 코넬료의 깊은 사색과 깨달음이 좋아. 종교를 넘어서 그가 왜 순례하는지 알고 싶어. 근본주의 모슬렘이라면 싫어할 수도 있겠지만 그럼에도 불구하고 이 작가는 나에게 영감을 주곤 하지. 여행을 하면서 이 책이 나에게 주는 위로의 말이 있어. '최선을 다해라, 어차피 죽음은 피할 수 없으니 잃는 건 없다Do the best, you have nothing to lose, Death is inevitable'. 내가 도전을 두려워하지 않는 이유야. 무언가 잃기가 두려워 망설인다면 결국 다 잃게 되는 거지. 어차피 피할 수 없는 죽음이라면 망설일 필요가 뭐가 있어? 끝까지 해보는 거지!"

그는 코란에서 자신의 신앙 정체성을, 코넬료의 문학 작품에서 인생의 방향을 찾는다고 고백했다. 다시 신앙 얘기로 돌아와 그는 요즘의 모슬렘 세태를 꼬집었다.

"신앙의 기본으로 돌아가야 해. 요즘 젊은 모슬렘들을 보며 가끔씩 위기감을 느껴. 젊은 친구들이 옷차림도 야해졌고, 길거리에서는 심심찮게 스킨십을

해. 이건 심각한 문제야. 자유를 주는 것보다 혹시 있을지 모를 사고를 미리 예방하는 게 더 중요해. 여성들이 반드시 히잡을 둘러야 하는 것이 그 이유야. 홍청망청 술을 마시거나 담배를 태우는 일도 잦아졌어. 게다가 채팅 사이트를 통해 이성을 만나면서 신앙심이 약하지는 경우가 많아졌지. 율법이 생활에 강력한 영향을 끼치지 못하는 거야. 너무 자유주의야. 경건해야 할 기도시간에도 다 자기들 편의대로 일 보기에 바쁘지. 그뿐인 줄 알아? 동의할지 모르겠지만 내 생각은 그래. 미국은 세계의 평화주의자를 자처하고 있지만 정말 이기적인 집단이기도 하지. 미국 때문에 나쁘게 묘사되는 아랍권이 공공의 적이 되고 있어. 그런데 여기서 억울한 것이 있어. 바로 반대급부인 테러리스트들 때문에 이슬람교 이미지가 실추된다는 거지. 우린 그런 식의 대응을 원하지 않아. 다수는 평화적인 협의를 원해. 냉정하게 보면 그들은 절대 모슬렘이 아니야. 미국도 이슬람 테러리스트도 다 옳지 못한 길을 걷는 거야. 과격 모슬렘 단체나 미국이나 모두 우릴 그냥 평화롭게 내버려뒀으면 해."

종교적으로 열심인듯하였고 한편으론 굉장히 보수적인 신념도 가진듯하였다. 특히 여성에 대한 부분은 코란 그대로를 받아들이고 있었다. 잠자코 듣던 나는 여러 얘기 중 이슬람교 내에서 억압이 심한 여성의 권리에 대해 얘기를 나누고 싶었다. 하지만 소모적인 논쟁이 될 것 같아 넌지시 질문의 물꼬를 바꾸었다.

"그렇다면 네 이상형이 뭔데?"

"난 있지, 배우자를 볼 때 네 가지를 봐. 우선은 건강해야 하고, 다음으론 가풍을 보지. 전통적인 이슬람교를 믿는 가족이어야 해. 또 코란을 잘 알고 실천하는 지혜로운 여성이길 바라. 모슬렘이 아니라면 어떤 조건이라도 함께 할 수 없어. 내 확고한 신념이야."

"그리고?"

나는 매의 눈으로 그의 표정을 살폈다. 살짝 머뭇거리던 임티아즈가 쑥스러운 듯 입을 열었다.

"사실, 예쁘면 좋겠지."

"남잔 다 똑같네. 본심은 다른 곳에 있었군. 푸하하."

얘기는 이쯤에서 끝내기로 했다. 여전히 남성 중심의 경직된 이슬람 문화에 대한 궁금함이 따랐지만, 기분 좋게 피곤했기에 들뜬 밤을 맞이했다. 나는 침대에 누워 그가 가르쳐 준 현지어들을 조용히 읊조렸다.

"안녕[Mhoro]. 어때[Unofara here]?. 좋아[Ndinofara]. 내 이름은 문입니다[Lena la me ke Moon]. 한국에서 왔습니다[Ke tswa Korea]. 가게 어딨어요[Shopo e khe]?"

불라와요의 성대한 만찬

호흡이 더워 온다. 대지의 신열을 뚫고 달리는 길은 라이더들의 고통이요, 고통을 즐기는 환희다. 하루를 꼬박 달려 도착한 짐바브웨 제2의 도시 불라와요. 세기의 독재자 무가베에 대항하는 전형적인 야당 지역인 이곳은 회색빛 물감으로 풀어놓은 듯 적막하고 생기 없는 느낌이다.

"원래 불라와요가 교통과 상업을 위시로 한 경제 중심지였지요. 그런데 독재자 무가베가 하라레에 자신의 역량을 집중하면서 찬밥 신세가 된 거 아니에요? 더구나 이곳 사람들이 무가베 정권과 정책을 반대하다 보니 더욱 소외되어 가고 있지요. 무가베도 처음부터 그러려고 그런 건 아니었겠지만, 지금은 실책이 너무 많습니다. 너무 폭압해요."

우리를 초대해 준 불라와요의 이맘모슬렘 지도자과 노장老壯들은 식당에 걸려진 무가베의 사진을 흘겨보며 못마땅해했다.

불라와요에 도착하자 연이어 성대한 만찬이 열렸다. 첫날엔 모스크에서 만난 모슬렘 친구들이 환영인사를 전하며 식사와 잠자리를 제공해 주었고, 둘째 날부턴 지역 청년들을 만나 교제하는 시간이 늘었다. 그중 독실한 모슬렘이자 엔지니어인 아딜Aadil과 핸섬가이 아이 아빠 싸르왓Tharwat과는 특별한 우정을 쌓으며 기분 좋은 휴식을 취했다.

"난 한국 역사에 관심이 많아. 세계지리를 배우면서 남북이 분단된 비극적인 이유와 평화적인 교류가 있었다는 것도 알게 되었지. 엔지니어로 지내면서 일 때문에 아시아에 몇 번 가 본 것 때문에 관심이 많아졌어. 실은 극동보단 사우디로 이민을 원하는데 유럽이나 아시아보다는 적응하기 수월하고 문화와 말도

통하니까."

반듯한 이미지의 아딜과는 달리 싸르왓은 활달한 성격의 소유자다.

"우린 스스로에게 엄격하지. 하지만 타인에게는 관대해. 알라의 뜻이 그렇거든. 여담이지만 월드컵 때도 그렇게 좋아하는 축구 중계 보러 가는 것보다 지금 자리에서 알라에게 경배하는 것을 더 중요하게 여겨. 우린 율법대로 어떤 사람이라도 사랑하고 친구

로 맞아줄 준비가 되어 있어. 누군가를 돕고, 배려하면서 인간으로서의 존엄성을 지키는 일이 우리의 최고 우선순위 사명이야. 인샬라."

불라와요의 만찬은 사흘 내내 이어졌다. 천방지축 장난꾸러기 아들을 돌보는 싸르왓은 두 번이나 집으로 초대해 주었다. 5명이 되는 일행을 다 챙기긴 버거울 테지만, 그는 기쁨으로 손님을 맞이했다. 모슬렘의 손님 접대에는 보통 여자들의 노고가 따른다. 재미있는 것은 일견 고단해 보일법한 여자들이 오히려 자신의 삶에 감사하고, 인정한다는 데에 있다. 손님상 치르느라 주방에서 바쁘게 진두지휘하는 인도에서 온 수산나가 말했다.

"사람들이 간혹 이슬람은 여성에게 너무 가혹하고 폐쇄적이라는 얘기를 해요. 그건 알라의 말씀인 코란을 잘못 해석한 겁니다. 여성은 가정을 위해 코란에 명시된 자신의 역할을 수행할 의무가 있고, 항상 몸을 정결히 해야 합니다. 그렇다고 우리가 마냥 가정에만 틀어박혀 있는 것은 절대 아니거든요. 우리도 여성들끼리 따로 모여 여성들이 어떻게 사회 발전에 참여하고, 알라의 뜻을 더욱 경건하게 행해야 하는지에 대해 토론하곤 합니다. 가장 중요한 것은 알라의 뜻에 따라 남편과 사랑하며 평화로운 가정을 이루는 것이지요. 이 역할만 해도 그리 작지 않은 겁니다. 나는 지금 내 삶에 매우 행복하거든요."

그녀는 자신의 정체성을 입증하려는 듯 성대한 테이블을 준비했다. 형형색색의 과일들이 눈길을 사로잡고 갖은 고기의 향기가 침샘을 자극하는 화려한 식탁이었다. 후식과 간식을 분별할 수는 없었지만, 어쨌든 그들은 끊임없이 먹을 거리를 가져다주었다. 특히 시고 단 요구르트를 먹을 때마다 폭풍 같은 감동이 밀려왔다. 아프리카라는 느낌이 전혀 들지 않은 짐바브웨에서의 하루하루는 붙잡고 싶을 만큼 걱정 없는 최고의 여유를 선사해 주었다.

대화 중에 나짐이 병원에 간단다. 단기간에 합당한 영양 상태를 유지하지 못한 채 무더위를 뚫고 오느라 체력 소모가 컸고, 백혈구 수치 저하 문제로 휴식이 필요했다. 열이 나고 힘이 없는 증상이었다. 회복 주사를 맞고 약을 받아왔다. 지난 며칠간은 우리 중 누구라도 이 증상의 부당함을 반박할 수 없는 고된 여정을 감행했었다.

잠시 주어진 휴식 시간, 오랫동안 안부를 전하지 못한 가족과 친구들을 위해 메일을 쓰기로 했다. 시간당 2.5불이라 속이 쓰리지만, 부모님의 안심을 생각하면 적절한 등가교환이다. 1시간 동안 딱 메일 하나 확인하고, 답장 한 통 보냈다. 속도가 예술이다. 두말할 나위 없이 여기는 '잠자는 거인' 아프리카다. 아프리카의 희망찬 내일을 의심하지 않는다. 다만, 잠에서 언제쯤 깨어날까?

나는 미스 짐바브웨 출신이에요

그녀는 미스 짐바브웨

나짐이 회복했다. 다행히 다들 컨디션이 좋다. 우리는 퀘퀘kwekwe를 향해 동진했다. 아침이면 바늘이 되어 살갗을 찌르는 햇살 때문에 버프를 착용해 더위를 피하고 오후가 되면 해를 등지고 탈 수 있어 조금 더 속력을 낼 수 있었다.

라이딩 중에는 모두의 컨디션 조절을 위해 1시간에 10분씩 시간을 내 쉬고 있다. 마침 작은 간이 상점이 있어 물로 목을 축이고, 비상식량으로 허기를 달랬다. 그런데 안의 분위기가 봄날 벚꽃 흐드러지듯 들떠 있다. 가만히 들여다보니 여직원이 웃음을 흘리며 계산대에 있는 것이다.

자칭 짐바브웨형 미녀라는 스물다섯의 야라조다.

"믿을지 모르겠지만 난 미스 짐바브웨 출신이에요."

"글쎄, 미스 짐바브웨라고 하기엔 얼굴이 좀 아니올시다 인데. 게다가 한적한 도로변 작은 마켓에서 일하는 것도 이해가 가질 않아."

생글생글한 말투와 살가움에 착해 보이긴 했지만, 아프리카 특유의 분위기 업UP용 농담이라 생각했다. 나는 일행들에게 넌지시 대꾸했다. 일행들은 개의치 않는 분위기였다. 이미 이 여인의 매력에 빠져 있었다. 율법의 엄격함을 자랑하던 나짐과 임티아즈는 스킨십도 마다치 않고 같이 사진을 찍는가 하면 근용과 병무 역시 그리 싫지 않은 듯 곁에서 포즈를 취했다.

이런들 어떠하고 저런들 어떠하리
과일 주스 한 통에 5불이면 어떠하리
우리도 이같이 흑인 미녀 대하고저.

동지들은 시내와 비교해도 거의 두 배 가격인 과일 주스 한 통을 거리낌 없이 구입했다. 하루 생활비가 5불인 나에게 이런 사치는 쉬이 납득가지 않는 일이다. 나는 명백히 여인의 정체에 대한 의심을 제기했다. 그러나 분위기는 이미 그깟 돈이 중요시되는 게 아니었다. 교태라고 하기엔 어색한, 애교라고 보기엔 조금 진한 몸짓이 내 눈엔 분명 다들 외국인이라고 그녀가 배짱을 피운 것으로 보였다.

우리는 10분 쉬기로 한 계획을 바꿔 근처 나무 그늘에서 점심을 하기로 했다. 그때 야라조가 슬그머니 옆에 오더니 태연하게 통닭을 받아먹었다. 거기에 소시지와 감자 볶음을 더한 샌드위치까지 당연한 듯같이 먹었다. 임티아즈가 식삿값을 달라며 장난치니 숙녀에 대한 매너가 없다는 듯이 밉지 않은 찡그린 표정으로 손사래를 친다. 꽤 재미있는 캐릭터다. 사실 나는 그녀의 허세가 못마땅했지만, 모든 것을 여유롭게 즐기는 일행의 분위기를 깨긴 싫었다.

"나는 미스 짐바브웨 출신이에요."

이 말을 열 번은 듣고서야 그녀가 자리를 떠났다. 자신의 경력을 자주 강조하는 게 못 미덥지만 야라조는 끝까지 품위를 잃지 않으려 했다. 어쩌면 초라해 보이기 싫어하는 그녀의 자존심이었을까. 그녀가 정말 미스 짐바브웨일 수도 있다. 그런데 믿고 싶은 것이 심각한 의심에 빠질 때면 나는 혼곤해진다. 어디까지가 진실인지 그 찝찝한 모호함 속에 내 의식을 맡기고 싶진 않기 때문이다. 우리가 떠날 때 그녀는 만면의 미소를 보인 채 손을 흔들어 주었다. 그래, 그 다정한 미소라면 미스 짐바브웨로 믿어주련다.

그녀에 대해 너무 뾰로통 했던 건 어쩌면 나에게만 살갑게 미소 짓지 않던 새침함 때문인지 모른다. 하긴 내가 시크하게 굴었으니. 그런데 가만? 어쩌면 그 이유가 아닐 수도 있겠다는 생각이 퍼뜩 들었다. 다섯 명이 단체 기념사진을 찍을 때였다. 잘 찍혔나 액정 화면을 응시하던 나는 그만 혼이 나가버렸다. 그리고 야라조의 태도에 대해 겸허히 이해할 수 있게 되었다. 액정화면 속엔 4명의 훈남과 한 명의 꼴뚜기가 파이팅을 외치고 있었다.

무명 광부의 소박한 꿈

"내가 바라는 거요? 쉬는 시간에 맥주 한 잔과 마리화나 하나면 행복하죠."

현실의 높은 파고는 메트로폴리탄 고층 빌딩의 화이트 칼라족이나 도시 빈민가나 아프리카 시골의 노동자나 다 똑같이 느껴지는 듯하다. 각자의 이상에 다가가지 못하는 인간의 제어되지 않는 욕망이 있는 한 말이다.

한적한 시골 도로에서 쉬다 숲을 헤쳐 나오는 무리를 만났다. 바스락거리는 소리에 고개를 돌리니 광부 복장이다. 거친 숨을 몰아쉬며 단단한 돌 위에 엉덩이를 걸치더니 멋쩍은 웃음으로 금을 캐고 있다고 설명했다. 수입이 궁금하지 않을 수 없다. 땅속에 들어가 온종일 일하고 받는 돈은 한 달에 200달러 정도. 대개 그렇듯 짐바브웨의 광산업 역시 투자자가 이득의 대부분을 가져가고 노동자

아들에게 더 넓은 세상을 보여주는 것이 꿈이에요.

에게는 최소한의 대가만 주어진다. 그나마 이런 일자리도 많이 없기에 열악한 환경의 인부들은 상대적으로 우월한 지위를 가진 회사의 요구안을 수용할 수밖에 없다.

"아들에게 더 넓은 세상을 보여주는 것이 꿈이에요. 정말이지 다른 건 다 제쳐두고 중고차라도 하나 사는 게 소원입니다. 이곳에서 차로 1시간가량 떨어진 카시아스Cascious란 작은 마을이 제집인데 일하느라 이곳에서 먹고 자고 하니 일주일에 하루밖에 들어갈 수 없어요. 아이들도 보고 싶고, 아내도 그리운데 그게 힘드네요. 차가 있으면 가족들 데리고 놀러도 가고 이동하기도 편할 텐데, 아이들이 가고 싶어 하는 곳들도 다녀보고요. 고되긴 하지만 이 일이 내겐 전문 직종이라 포기하지 않고 하고 있어요."

남자는 잠깐 주어진 시간 동안 탁한 물로 목을 축이고는 빵과 몇 개의 채소로 버무려진 조악한 점심을 들고 다시 숲 속으로 사라졌다. 정말 찰나의 만남이었다. 거친 숨소리와 송골송골 맺힌 땀방울에 그의 내일이 찬란히 꽃피기를 기대해 본다. 남자의 뒷모습을 보고 있자니 노동으로 다져진 근육질의 어깨 위에 걸터앉은 단란한 가족의 행복이 보이는 듯했다.

우리는 그가 떠난 자리에서 간단히 허기를 달랬다. 그러면서 문득 자식의 미래를 위해 텁텁한 공장 속에서 먼지를 마셔가며 청춘을 다 바친 내 아버지가 생각났다. 가족이 살아가는 힘, 아버지는 위대하다.

모험을 위한 일상의 자유

밀란 쿤데라는 저서 『느림』에서 '두려움의 원천은 미래에 있고, 미래로부터 해방된 자는 아무것도 겁날 게 없다'고 했다. 아프리카 여정의 오 분의 일도 끝나지 않았는데 현기증이 나기 시작한다. 불확실한 미래에 대한 부담을 안고 있어서일까? 짐바브웨는 거의 나짐과 임티아즈의 공으로 횡단하고 있다고 해도 과언이 아니었다.

다섯 명이서 함께 한지 벌써 이 주 째, 우리는 야성을 잃어버리고 그들의 뒤만 쫓아다녔다. 두 친구가 적극적으로 이끌어 줄 땐 상관없지만, 짐바브웨 이후의 여정에 대해서도 준비를 해야 했다. 짐바브웨 국경을 통과하고 나서 수도 하라레에 근접하기까지 10원 한 푼 쓰지 않아도 되었을 만큼 현지인들은 호의적이었

다. 늘 편안한 분위기 속에 우리는 어느 유명 영화배우의 수상 소감처럼 잘 차려진 밥상 위에 숟가락 하나 더 얹으면 그만이었다. 그들에게 내가 기독교인이라는 것은 친구가 되기에 전혀 거리낄만한 사안이 아니었고, 언제나 내가 고민에 빠질 때는 그 짐을 같이 나누려는 태도를 취했다.

그들로부터 역사상 가장 큰 화폐 단위였던 10조짜리 짐바브웨 달러 지폐를 선물 받으면서 소소한 행복에 도취될 수 있었고, 크리스천임에도 배타적 의견 없이 모슬렘 예배를 관전하면서 그들의 경건한 신앙을 탐색해 볼 기회도 얻었다. 아이들은 또 어떤가? 사진을 찍어도 꼭 붙어서 찍었고, 나만 보면 쉽게 안겨주었으며 손을 잡고 포옹해주었다. 그런 녀석들의 눈망울을 잊을 수가 없다. 녀석들을 안고 있노라면 마치 행복 덩어리를 안고 있는 느낌이 들었다. 바로 이런 편안한 위험에 빠지는 것을 경계해야 한다. 과감히 떠나야 할 때를 선택하는 것이 중요하다. 다시 거친 광야로 나갔을 때 버텨내야 하니깐.

하라레로 들어가기 전 카도마Kadoma에 들렀다. 석양 때문인지 꼭두서니 빛으로 도배된 조용하고 작은 도시다. 사람들의 눈동자가 온순하고 걸음걸이는 차분하다. 사실 출발 전 짐바브웨에 대한 우려가 컸다. 독재자의 집권으로 불만을 품은 반대 세력과의 다툼으로 정치가 불안했고, 빈민가와 시골 등에 치안이 부재했으며, 경제 인플레 여파로 물가를 감당할 수 없을 것이라는 의견이 지배적이었다. 아니었다. 짐바브웨를 밟아보지 않은 이들의 괜한 노파심이었다. 나는 지금 이 푸근하고 정겨운 시골의 시정이 마냥 좋다.

땅거미를 데리고 돌아온 자전거 뒷바퀴가 느려지고, 우리는 또다시 나짐의 소개로 알게 된 어느 모슬렘 상인 집에 초대되어 하룻밤 몸 뉘일 공간을 확보했다. 식사를 하고, 차를 마시고, 대화를 하고, 주제가 없어도, 새로운 것이 없어도, 그냥 흘러가는 시간에 마음을 맡기고 의자에 가만히 기대 진짜 내가 생각하던 여행을 만끽했다. 초 단위로 흐르는 명징한 시간의 개수를 하나하나 세어 보며 거리의 풍경을 보는 것 말이다. 코발트 블루빛으로 스카이라인이 물들고 별들이 얼굴을 내미는 때, 너무나 일상적이어서 너무나 평화로운 곳에서 짐바브웨 일정이 조용히 끝나가고 있었다.

WEBC

안녕, 널 기억할게

촌티 팍팍 풍기는 다섯 명의 사내가 드디어 수도 하라레에 도착했다. 시내는 예상외로 깔끔하고 화려했다. 기록적인 인플레로 국민에게 극심한 고통을 안겨 준 화폐 난亂 후 공식 통용화폐를 달러로 바꾸자 경제 안정이 두드러졌다. 번쩍번쩍 빛나는 은행과 기업 건물들이 열을 지어 서 있고, 세련된 영어 발음을 구사하는 하라레의 커리어 우먼들에게서는 전혀 아프리카의 느낌이 배어 나오지 않는다.

사람들의 바쁜 발걸음, 차들의 경적 소리, 현대적으로 도식화된 여기서 우리는 헤어져야 했다. 2주 동안 한 번의 다툼 없이 아주 멋지게 짐바브웨 횡단을 매조지했다. 나짐과 임티아즈는 하라레 모스크로, 우리는 대사관에서 소개해 준

교민 집으로 각각 발걸음을 돌렸다. 한국 대사관으로부터 식사 초대를 받았기에 잠시 휴식도 취할 겸 다음 행선지인 잠비아에서의 일정을 준비해야 했다. 잠비아부터는 아프리카의 여러 난제 중 하나를 도와주기 위해 본격적인 구호 활동이 시작될 터였다.

두 친구와는 가벼운 포옹과 악수로 아쉬운 헤어짐을 갈음했다. 감사하게도 며칠 뒤, 우리는 헤어진 연인도 아닌데 살짝 떨리는 가슴으로 반갑게 해후했다. 그간의 배려가 고마워 한인 식당에서 모처럼 큰맘 먹고 비싼 한국 음식을 대접하려는 것이었다. 다시 보는 얼굴들이 반가웠지만, 이젠 정말 마지막 인사를 나눠야 했다. 나짐은 잠비아로 우리를 따라올까 잠시 고민했으나 친구 임티아즈를 놓고 갈 수는 없었다. 그들은 계속 동진하며 모잠비크로, 우리는 잠비아로 이동할 계획이다. 클릭 한 번이면 이어지는 세상, 우리는 페이스북을 통해 계속 연락을 주고받기로 했다.

길 위에서 맺은 인연의 끝이 아름답고 또 서글프다. 다름을 인정하고 같이 공유할 수 있었던 힘은 바로 여행길 위였기 때문이 아닐까. 라이딩 중 자전거나 건강 문제 등 몇 가지 소소한 어려움이 있었지만, 나와 다른 포지션에 있는 이들과의 만남, 이해, 포용의 과정을 거치며 새롭게 나를 성숙시키는 계기가 되었다.

목적지까지 무사히 도착하기를, 나는 그들을 축복하며 이제 떠나보낸다. 안녕, 널 기억할게. 갓 블레스 유.

REPUBLIC OF ZAMBIA, MALAWI

달빛 아프리카 04

잠비아, 말라위

케주아 마을에서의 축제

이 밤, 유난히도 청초하게 명멸하는 별빛이 참 고왔더랬다. 뺨을 훑는 밤바람에 감사함이 스쳐 가고, 활활 타오르는 모닥불은 마음까지 따뜻하게 만들었다. 내 옆에서 마냥 미소 지으며 함께 밤하늘을 보는 아이들과 눈빛이 마주쳤을 때의 작은 행복감이란, 조막만한 손으로 내 팔을 부여잡고 앙증맞은 장난을 치는 작은 달뜸이란 나를 현실과 이상의 경계를 허물어뜨리고 마치 동화 속 한 장면처럼 감상에 젖게 하기에 충분했다. 낭만의 외투를 두른 따뜻한 여행의 진수라고 해야 할까.

한쪽에선 수백 명의 마을 주민들이 나와 밥을 짓고, 춤을 추고, 노래하며 이 밤의 여흥을 마음껏 즐기고 있었다. 야성미가 물씬 풍기는 구성진 그들의 노랫

속에는 소외된 삶에 대한 회한이 담겨 있는 듯했고, 또한 그럼에도 불구하고 이렇게 행복을 느낄 수 있게 된 데에 대한 고마움이 가락을 타고 전해졌다. 정말이지 가슴 뭉클한 잠비아 시골 마을에서의 첫날밤이었다.

이날, 잠비아의 외딴 오지 마을인 케주아Keezwa에서는 새벽 미명에 이를 때까지 꺼지지 않는 떠들썩한 축제가 벌어졌다. 아무도 춤을 멈출 줄을 몰랐다. 누구도 노래를 멈출 생각을 하지 않았다. 나 역시 텐트에 들어가 눈을 붙이기 전까지 80여 명 아이들의 친구가 되어주려 애썼다. 한 명 한 명의 이름을 불러주며 진짜 아프리카를 안아주고 있었다.

자전거 여행을 즐기는 것은 좋다. 하지만 여러 난제를 안고 있는 아프리카에 대해 공정 여행을 하자는 것 또한 주요한 임무였다. 공정 여행이란 한 마디로 불편을 의미 있는 즐거움으로 승화시키는 여행이다. 돈을 우선하는 여행자 본위의 합리적인 소비가 아닌 현지에 도움되는 공정하고 착한 소비를 하는 책임 있는 여행을 의미한다. 하지만 나는 보다 적극적으로 그 의미를 적용하기로 했다. 단지 공정한 소비만을 하는 한계를 넘어 공정한 나눔을 하자는 것이다.

병무는 '나눔 더하기'란 봉사단체를 조직해 달동네에 사는 어려운 이웃에게 매년 연탄을 후원하는 일을 꾸준히 해왔다. 근용은 교회를 통해 소외된 이웃에게 다양한 형태의 봉사활동을 한 경험이 많다. 나 역시 이번 아프리카 모험이 단순한 여행을 넘어서는 모험이 되길 학수고대하고 있다. 셋의 의견 촉은 한 곳으로 모아졌다.

우리는 자진해서 여행 경비를 기부하기로 했다. 맥도날드 같은 다국적 제품 이용을 삼가고, 고급 시설의 숙박은 아예 포기했다. 대신 위험하지 않은 선에서

누가 이들의 마음을 시원하게 하는
생수 같은 기적을 전해줄 수 있을까?

의 야영을 적극 시도했다. 현지 부유층이나 외국인을 상대로 하는 고급 레스토랑보다도 비록 조악하기는 하나 지역민들이 직접 만들거나 재배한 길거리 음식을 먹는 등 친환경 소비를 이어나갔다.

이렇게 해서 아낀 경비를 적극적으로 나누는 것이 이번 여행의 모토다. 아프리카 사람들을 곤란하게 만드는 가장 큰 문제 중의 하나는 말라리아 감염이다. 바로 그것이다. 말라리아로 신음하는 오지와 빈민촌에 모기장을 쳐 주는 것. 나는 이 아이디어의 힌트를 성서에 언급된 착한 사마리아인에서 얻었다. 그래서 여행하면서 이웃의 어려움을 무심히 지나치지 말자는 취지의 '사마리아 프로젝트Samaria Project'로 명명했다.

케주아 마을은 잠비아의 수도 루사카Lusaka에서 차로 3시간여 떨어진 곳이다. 이중 절반은 비포장도로를 타고 들어가야 할 정도로 외진 곳이다. 아무도 돌보지 않는 곳에는 누군가의 관심 어린 시선이 필요하다. 이곳에서 노구를 이끌고 구제 사업을 하는 백예철 선교사 부부의 도움으로 우리는 이 마을과 연이 닿게 되었다.

아프리카 구호 활동에서 꼭 필요한 세 사람이 있다. 오랫동안 교류해서 현지 사정에 밝은 구호단체 관계자 혹은 선교사, 마을의 질서를 다스릴 수 있는 추장, 종교 지도자 혹은 경찰, 그리고 도움 주려는 곳의 정보와 통역을 담당하는 현지 코디네이터가 그들이다. 이런 유기적인 조합이 잘 맺어질 때 비로소 하나의 건강한 구호 사업을 진행할 수 있다. 어느 하나라도 자리에서 빠지면 오해와 불신이 초래되기 마련이다. 이 경우 일의 진척이 더디므로 열정과 의욕만으로 일을 추진하는 것은 되도록 삼가는 것이 좋다.

반응은 뜨거웠다. 사전 정보가 없었던 마을 사람들은 우리를 격하게 반겼다.

깊은 주름이 팬 고단한 노인들의 얼굴에 화색이 돌았다. 불볕더위에 남자들은 다들 어디 있는지 얼굴 보기가 힘들고 온통 여자들만 일을 하러 나온 모양새다. 학교를 파한 백여 명의 아이들도 집에 돌아가지 않고 관심을 보였다. 녀석들은 우리와 장난치며 노는 것이 좋았나 보다. 함께 어울리는 동안 작은 관심과 제스처에도 함박웃음을 지었다. 비록 교복은 다 해어지고 남루하여도 세상의 때를 입지 않은 순박한 표정에 눈물이 다 날 지경이다. 신기한 외국인과 악수 한 번 하겠다고 자기네들끼리 아옹다옹한다.

더 어린아이들은 두 부류로 나뉜다. 너무 낯설어한 나머지 울면서 도망가는 쪽과 해맑게 웃으며 다가와 재롱을 부리는 쪽이 그것이다. 녀석들은 내 손을 자기 손으로 쓰다듬고 얼굴에 비비며 바짓자락을 붙들고 아양을 떤다. 그러고는 올려다보며 씩 웃는 모습이란. 아, 봄날 움트는 싹을 비춰주는 햇살과도 같다고나 할까.

우리는 가가호호 들러 모기장을 직접 쳐주기 시작했다. 빈곤이란 말이 이렇게 피부로 와 닿은 적이 없었다. 모기장을 치려고 들어선 공간에서 인간의 존엄성이 보호되지 못한 척박한 현실의 안타까움에 입술을 깨물어야 했다. 고시원보다 약간 큰 공간에 햇빛도 들지 않고 가축들도 질서없이 드나든다. 이 협소한 공간에 보통 대여섯이 모여 산다. 위생은 둘째 치고 맘 편히 다리 뻗을 공간마저 없는 경우가 태반이다. 게다가 만성적인 극심한 식량난에 시달린다. 누가 이들의 마음을 시원하게 하는 생수 같은 기적을 전해줄 수 있을까?

그나마 구호단체의 간헐적인 도움이 있기에 선택받은 극히 적은 마을들은 도움을 받을 수 있다. 하지만 가난하고 힘없는 정부가 이런 흩어져 사는 종족들에게까지 관심을 가져줄리 만무하다. 그런 까닭에 물이 귀한 이곳에서 아이러니하게 이들의 눈물은 마를 줄을 모른다.

총 330개의 모기장을 준비했다. 물론 첫날에 다 설치하지 못했다. 문제를 문제화시키지 않기로 했다. 우리는 간단하게 텐트를 치고 마을 공터에서 잠을 잔 뒤 다시 봉사를 재개하기로 했다. 날이 저물면서 마을 분위기가 달아오르기 시작했다. 흥얼흥얼 대던 무리가 곧 벌판으로 모여들었다. 노을이 지평선 너머로 숨어버릴 땐 모인 수가 200여 명에 이르렀다. 축제가 펼쳐졌다. 마을이 오랜만에 왁자지껄한단다.

"축제를 여는 거예요."

"무슨 축제인데요? 오늘이 무슨 특별한 날인가요?"

"아니에요. 그냥 당신네가 방문해서 도와주는 것이 좋아 벌어지는 즉석 축제랍니다. 밤새 불을 피워놓고 실컷 춤추며 노래하는 거예요."

사람들은 그간 집에서 단출하게 먹던 것을 떠나 공동으로 모여 서로 음식을 나누고, 무엇이 그리 좋은지 손뼉까지 치며 시끌벅적 수다를 떤다. 정말이지 지치지도 않을까. 연주와 노래와 춤이 끊이질 않는다. 이들의 리듬감 넘치는 부족 노래는 흥겨운데, 바람을 타고 전해지는 음이 애잔하게 느껴짐은 내가 너무 감성적이어서 그런 걸까. 아이들은 내가 제의한 강강술래를 잘도 따라 한다. 교교한 달빛 아래 밤이 깊도록 자지러지게 웃는 소리가 그칠 줄을 모른다.

다음 날 우리는 케주아에서의 남은 봉사 일정을 보내고, 다시 소외 지역인 카젬바Kazemba, 수수Susu 마을을 돌아 거리의 아이들을 돌보는 루사카 시내의 치소모 센터Chisomo center까지 일주일에 걸쳐 모기장 설치와 그 밖의 봉사활동을 진행했다. 매 순간 열심히 땀 흘린 대가만큼 모두가 행복했다. 우리가 약간의 불편함을 감수하자 모두가 감사로 혜택을 받는 시간들이 채워졌다. 여행이 점점 의미 있어지고 있었다.

어느 산골 마을의 아픔

밤이 깊어질수록 눈은 말똥말똥해지는데 정신은 더욱 혼미해졌다. 누가 힘겨운 몸을 이리저리 뒤척이다 전광석화처럼 화장실로 뛰어가기를 수차례. 몸에서 식은땀을 동반한 열이 펄펄 나는데 옷을 두 겹으로 껴입고 침낭까지 말아 덮어도 으스러지게 추운 건 무슨 변고일까? 구토 증상에 어지러움까지 더해지니 세상이 빙빙 돌고 있었다. 붕 떠 있는 듯이 정신이 아득하며 몸이 말을 듣지 않으니 꼭 유체이탈을 경험하는 것만 같았다. 내 몸이 내 것이 아니었다.

700km를 정신없이 달렸다. 블랙 아프리카가 시작되는 잠비아에서 북쪽의 탄자니아로 이동할까도 했지만, 선택은 동쪽의 말라위였다. 입국 비자 100불에 체류기간 한 달이라는 조건이 좋진 않았으나 아프리카 최빈국에서의 시간을 가치 있게 보내기로 한 것이다.

우리는 잠비아에서 블랙 아프리카의 서정적인 마음들을 만날 수 있었다. 주말을 맞아 빈 학교에선 텐트를 칠 수 있게 교실을 개방해 주었고, 사람들은 자신의 집과 마당을 캠핑 장소로 내어 주는데 결코 거절하는 법이 없었다. 길거리에서 작은 음식이라도 사 먹을라치면 어찌나 온순한 표정들인지, 사탕수수 하나를 먹더라도 수많은 사람들의 시선을 한몸에 받아야 했다. 그 시선들은 호기심과 관심의 표현이었으므로 우리는 언제든 적의 없이 즉각 반응하며 보조를 맞춰 주었다.

인상적인 건 작은 산골짜기 마을들을 다닐 때였다. 사람이 살아가는 데 가장 필수적인 요소 한 가지만 뽑으라면 물이라는데 이견이 없을 것이다. 다른 제반 시설이 없거나 부족해도 우물 하나에 기대며 살아가는 마을들이 있었다. 구호단체에서 파 준 우물로 원주민들은 걱정 없이 삶을 살게 된 것이다. 활발한 구호활동의 긍정적인 예다. 우리는 이런 마을에서 간이 샤워를 하고, 빨래까지 할 수 있었다. 무더운 여름, 모두가 나눠 쓰는 시원한 물이 있다는 것이 얼마나 감사한 일인지 겪어보지 않고는 모를 것이다. 물 하나 때문에 합법적 살인이 일어나는 것이 아프리카의 현주소다. 잠비아에서 말라위 국경에 이르기까지 달리는 내내 우리는 물 부족을 겪지 않았다. 우연인지 몰라도 물이 충만한 곳은 대개 인심 또한 넉넉하기 그지없었다.

말라위에 도착했을 때 체력이 방전된 상태였다. 하지만 모기장 구호를 멈출 수는 없었다. 잠비아에서 구호 단체들의 성과를 본 이후 나는 내가 여행하는 사명에 대해 다시 점검하게 되었다. 주저할 것이 없었다. 즉시 모기장 250개를 구입했다. 그리고 소형 트럭에 실어 베이스캠프인 은코마Nkhoma로 이동했다. 산으로 둘러져 천혜의 자연 속에 은둔해 있는 이곳은 그러나 오지의 한계를 고스란히 가지고 있는 마을이기도 했다. 차도가 없어 인근 마을에 일을 보려거든 꼬박

두세 시간을 걸어가야 했다. 그런 환경에서 며칠 간 모기장을 설치했다. 그들의 가난한 마음을 헤아리다 코끝이 찡해진 적이 한두 번이 아니다. 열악한 환경이었지만, 손을 잡아주며 모기장을 쳐주며 최선을 다했다. 그러다 탈이 났다. 몸살로 생각했기에 하루 이틀 쉬면 나을 줄 알았다. 하지만 갈수록 컨디션이 악화하였다.

천만다행이었다. 위기의 순간을 빠져나갈 밧줄이 내려졌다. 근처에 작은 병원이 있었다. 말라위는 학교, 병원 등 꼭 필요한 공공시설의 개수마저 충족되지 않은 나라다. 설사 건물이 있더라도 형편없다고 보면 된다. 그러니 근처에 병원이 있다는 사실만으로도 그곳을 이용하는 이들에겐 크나큰 위안이다. 만약 말라위 북부에서 몸이 좋지 않았다면 훨씬 더 심각한 상황을 야기할 수도 있었다. 최빈국 나라에서도 가장 가난한 땅이기 때문이다.

외진 시골 마을에는 수십 년 전 서양 선교사들과 구호 단체의 도움으로 조그마한 병원이 설립되어 운영되고 있었다. 병원은 온통 갓난아이들로 북적거렸다. 본능적으로 두려움을 아는 걸까? 사방에서 복받친 울음이 끊이질 않는다. 보자기에 아이들을 싸고 전전긍긍하는 아낙네들의 표정엔 작은 기적을 바라는 간절함이 보인다. 진료실은 물론 병원 내부와 건물 바깥쪽까지 수백 명이 기나긴 차례를 기다리고 있었다.

"모두 말라리아 의심 환자입니다. 진료를 받고, 양성 반응을 보이면 치료를 받는 거지요. 한 해에만도 근처 마을에서 수십 명의 아이들이 말라리아나 합병증 등으로 허무하게 죽어간답니다. 가장 심각한 건 HIV 바이러스에 감염된 아이들이 말라리아까지 중복 감염되는 것이지요. 이런 열악한 환경에선 대책이 없습니다."

진료비도 문제다. 나에게는 한 번 진료에 5달러가 드는 비용이 과소한 편이지만 이들에겐 며칠 동안의 생활비에 육박한다. 치료 경비를 감당할 수 없거나 교통편을 마련하지 못하는 이들은 아예 병원행을 포기한다. 말라리아 감염 의심조차 못하고 아무런 방책도 세우지 못하는 깊은 오지 마을의 실상은 더 심각하다.

은코마 마을에 도착하기 전 말라리아가 기승을 부린다는 얘기는 익히 들어 알고 있었다. 실은 말라위 전체가 말라리아 위험 지역이다. 근처에 말라위 호수가 있어 습하고, 교육이나 위생 면에서 대비가 전혀 되어있지 않기 때문이다. 며칠 간 자전거와 차를 이용해 모기장을 열심히 쳐주고 또 지원했다. 워낙 산길이 험해 자전거가 만신창이가 될 정도였다. 그런 뒤 나 역시 말라리아 양성 판정을 받았다. 잠복기를 생각하면 잠비아에서 모기장을 쳐줄 때 감염된 게 아닌가 싶다.

모기장을 설치하며 이곳저곳 산골 마을을 다녀보니 장애인이 부지기수다. 초기 치료 시기를 놓쳐 평생 핸디캡을 안고 살아가야 한단다. 꽤 깊숙한 오지인 찌부이[Tchibui] 마을에는 유니케 할머니 시각장애인 가족이 살고 있었다. 가족 구성원 대부분이 시각장애인으로 서로 의지하며 사는 것이다. 스텝션 할아버지는 집이 없어 남의 집 처마 밑에서 잔단다. 산골이라 밤부터 새벽까지 웃풍이 상당할 텐데 심히 걱정이다. 마을에는 이들 말고도 팔과 다리 등에 장애를 가진 주민들이 수십 명이 되었다.

아프리카에 모기장 설치를 진행하면서 장애인, 노인, 아이가 있는 가정을 우선순위로 배려하고 있지만, 이곳은 그렇게 줄 세울 필요마저 없을 정도로 한 집 한 집 너무 힘겨운 나기를 하고 있었다.

한 번은 이른 새벽부터 웬 할머니 한 분이 숙소까지 찾아와 제풀에 지쳐 주저앉은 채 떨리는 목소리로 나를 찾았다. 한눈에 봐도 굶주리고, 야윈 행색이었다.

"어제 당신들이 우리 옆 마을에 모기장을 쳐 준 사실을 알았습니다. 그런데 나도 모기장이 꼭 필요하답니다. 우리 집에 아이들이 여럿 있는데 모기장 하나 없어 너무 고생하고 있어요. 모기장을 살 형편도 안 되고요. 부탁인데 하나만 받아 가면 안 될까요?"

전날 모기장을 쳐 준 곳은 자전거로도 한 시간이 걸리는 거리였다. 그 먼 곳에서부터 추위를 뚫고 새벽 걸음을 마다치 않았다니. 아이들 걱정에, 단지 모기장 하나 받기 위해서. 할머니의 걸음은 헛되지 않았고 그 자리에 있던 모두를 숙연케 했다. 그리고 나와 기연은 곧바로 그 날 그 마을에 남은 모기장을 들고 가서 봉사했다.

은코마 마을은 아직 문명이 많이 유입되지 않았다. 때 묻지 않은 인심에 경치 역시 환상적으로 예쁜 마을이다. 모기장을 쳐주고 있으면 할머니들이 그들의 주식인 은시마Nsima를 대접하기도 하고, 고맙다며 거친 주름 더 깊게 팬 웃음으로 연신 손자처럼 꼬옥 안아준다.

그러나 나는 알고 있다. 내가 그들을 이해하고 포용하겠다 교만하게 떠난 여행길에서 오히려 그들이 나를 기탄없이 가족으로 맞아주고 따뜻하게 배려해 준다는 사실을. 이들 때문에 나는 마음을 고쳐먹게 되었다. 내가 가는 길에 도와주는 것이 아니라 도와줄 곳으로 내가 갈 거라고. 모기장을 쳐주는 내내 마을 축제 마냥 따라다니며 노래를 불러주던 할머니들 덕에 말라리아 양성 판정을 받은 내 몸도 한결 회복되었다. 더없이 불편한 몸에 삶마저 빈곤하지만 작은 것에 감사할 줄 아는 그들의 노랫소리가 아직도 선연하게 기억난다.

"njo, njo, njo mwayesu muli chimwemwe, aleluya **기쁘고, 기쁘도다. 주 안에서 기쁘도다. 이것이 행복일세, 할렐루야**!"

이후 은코마를 중심으로 외부인이 쉽게 들어가기 힘든 산간마을, 음제레마

Mjerema, 캄판딜라Khampandila, 음팡가Mphanga에 계속해서 모기장을 설치하는 것으로 구호 사업을 갈무리했다. 그리고 곧 놀라운 일이 일어났다.

njo, njo, njo mwayesu muli chimwemwe, aleluya

기적의 시작은 반응하는 데 있다

C.S 루이스가 그랬다. '인간의 존엄성은 반응하는 데 있다'고. 거듭 새기는 말이다. 인간의 모든 행동은 거개 타인의 반응 때문에 존재한다. 그 반응으로 희로애락을 느끼며 사회 구성원으로 존재를 나타내는 것이다. 그런 반응이 무딘 곳이 있다면 아마 아프리카의 고립된 무명 시골이 대표적일 것이다. 그들이라고 아려오는 아픔이 없을까, 무력함이 없을까, 또 그것을 뛰어넘는 기쁨과 감사가 없을까. 외부와의 오랜 고립 속에서 단지 그 감정들에 반응을 보이고 나눌 이가 없을 뿐이다.

혹 공동체에 가눌 수 없는 거센 비바람이 몰아치면 손 내밀어 줄 외부인이 필요하다. 그런데 그런 소통이 없어 절망에 익숙해져 버린 모습들, 나는 그게 아팠다. 아프면 아프다고 말할 줄 알아야 하는데 마음의 귀를 갖다 대고 들어줄 이가 없을 때의 무력함이 또 아팠다. 그래서 이젠 어떤 감정에도 날이 무뎌, 체념한 채 눈물조차 나지 않는 이들이 있다. 하지만 아는가? 아무 선입견 없이 한 사람의 손을 잡아주는 것이 그들에겐 얼마나 놀라운 일인지…….

「문종성입니다. 광야 곳곳에서 '부요'와 '빈곤'을 넘나들며, 상황을 뛰어넘는 감사로 현재 자전거 세계 일주 4년 차에 접어들었습니다. 아시다시피 가치 있는 여행을 하기 위해 아프리카 오지와 빈민촌에 말라리아 예방 모기장을 쳐 주고 있습니다. 제 여행 경비를 아낀 것과 몇몇 지인들의 나눔으로 소박하게 진행 중입니다. 원시의 대지를 여행하면서 고생 아닌 게 없지만 모든 여정에 감동하고 있을 따름입니다. 또한, 까무러치도록 사랑스러운 아이들의 미소를 보면서 저는 제 사명에 대해 다시 한 번 확인하고 점검하는 시간을 가지고 있습니다.

하나 절망에 무력해지고 마는 이들의 아픔을 목도만 할 수는 없어 용기 내어 편지를 보냅니다. 모기장 설치 봉사가 예상보다 일찍 종료되어 버렸습니다. 그런데 이 일이 생각보다 큰 반향을 몰고 오고 있습니다. 운명에 맞서지 못한 채 고단함을 기저로 살아가는 원주민들을 웃게 하고 있습니다. 제 마음도 감동으로 뜨거워졌습니다. 언제 한 번 또 이렇게 아프리카에 조건 없는 사랑을 나눌 수 있을지 모르겠습니다. 그래서 제가 이 땅을 달리고 있는 한, 바로 지금, 이 일을 더 전개해 나가고 싶습니다. 나중은 기약할 수 없으니까요.

그래서 정중히 한 가지 부탁을 드리려 합니다. 혹 친구들과 술자리 한 번 가질 비용으로, 사랑하는 애인과 데이트 한 번 할 비용으로, 제가 만나는 아이들을 아끼는 마음으로 손을 내밀어 함께해 주시겠습니까? 모기장

하나가 아이들의 밤을 걱정 없이 평안하게 해 줄 것입니다. 당신의 작은 나눔이 지구 반대편에서는 사람을 살리는 일이 될 수 있습니다.」

「종성군, 메일 잘 받아 보았네. 이렇게 좋은 일을 어찌 혼자만 감당할 생각이었나. 자네 여정에 무신경했던 것에 대해 미안하게 생각하네. 우리 회사 사람들과 의논해서 어떻게 도울 수 있는지 방법을 강구해 보겠네. 좋은 일 하려면 몸도 잘 챙기면서 다니게. 또 봄세.」

「문종성 님, 모기장 후원을 위해 미국에서 도움을 드리고 싶습니다. 어떻게 보내드릴 수 있겠습니까? 한국으로 전산 전송하면 25불가량 fee가 붙네요. 아프리카 얘기를 듣고 정말 놀라워서 말이 나오지 않습니다. 계속 건투하시기 바랍니다.」

「종성 씨! 이러한 현실적인 메일을 보내줘서 감사합니다. 후원할 수 있는 기회를 줘서 정말 감사합니다. 50만 원이면 산골의 작은 마을 하나를 커버 할 수 있다고 하셨는데 몇 개의 작은 마을을 지원해야 하는지요? 제 주위에도 소식을 나누고 있습니다.」

「문 형제! 내일이면 내 계좌에서 100만 원이 입금될 것이야. 어제 우리 식구들이 가족회의를 했어. 다들 좋게 생각했고, 말들은 안 하지만 나름대로 도전을 받는 것 같아. 시간이 되면 처와 애들에게 영문으로 메시지를 좀 전하고 그곳 사진도 전해 줄 수 있을까? 후원자가 더 생기는 대로 추가로 입금하도록 할게.」

「오! 파이팅! 수고가 많다. 모기장 후원에 동참하려고 좀 전에 이체

했는데, 25만 원 입금했어. 아프리카 모기장에 잘 쓰였으면 좋겠다. 힘내라!」

「왜 모기장 얘기만 꺼내고 정작 모기장을 설치해야 하는 너에게 필요한 얘기는 없는 거야? 일하다 보면 먹을 거, 잘 곳이 정말 필요할 거로 생각해. 내가 보내는 돈은 너를 위해 썼으면 좋겠어. 가뜩이나 여행하느라 지칠 텐데, 잘 먹고, 잘 자면서 다니길 바랄게. 멀리서 마음 보낸다.」

「종성 씨의 너무너무 간곡한 진심이 담긴 메일을 보고 송금했습니다. 화장품 비싼 거 안 사고 커피 좀 싼데 가서 마시고 아니 그냥 집에서 마시고 밥 좀 싼데 가서 먹으면 다른 생명이 사는 것을……. 더 많이 보내서 생명을 더 살리고 싶은데 제가 월급 받은 지 좀 되어서 여기저기 펑펑 쓰고 난 뒤라……. 다음 달에 월급 받으면 좀 떼어놔야겠어요!

비록 그 상황을 볼 수는 없지만, 종성 씨의 메일이 어느 정도의 상황을 짐작하게 하네요. 그 메일을 읽고 수업을 하는데 한두 문제에 웃고 우는 아이들을 보니 많은 생각과 감정이 교차했습니다.

예전에 블러드 다이아몬드에 관한 책을 보고 다이아몬드 따위는 몸에 결코 걸치지 않으리라 생각했었는데 그보다 더 빠른 더 가까운 실천사항들을 알게 되어서 감사합니다. 다이아몬드는 아직 먼 얘기이고 가까운 실천인 커피 비싼 곳에서 안 마시기 화장품 비싼 거 안 사기 등등.

어쨌든 생명을 살리는 일에 동참하게 해주셔서 감사하고요. 종성 씨의 귀한 손길 속에 사랑이 전해지기를 기도하겠습니다. 생명을 살리는 일을 함에 있어서 지치지 않도록 기도하겠습니다.」

진심은 통했다. 잔잔하지만, 묵직한 반응들이 있었다. 가족과 상의해 후원을

해 준 이부터 그 친구의 얘기를 전해 들은 다른 친구들, 편지를 읽은 초등학교 아이들과 회사의 신우회, 개신교, 불교, 천주교 등 종교를 막론한 지인들과 이름 모를 무명의 기부자 등이 따뜻한 정성을 모아 주었다. 삶이 참 재밌다. 브라질에서 어느 날 아침 무심코 보았던 그 한 줄의 카피를 이제 스토리텔링으로 만들어 직접 실행하는 내가 있었다. 상파울루의 평범한 무가지 신문을 대했던 나의 반응이 아프리카에서 가볍지 않은 일들을 하게끔 만들었다.

후원금을 살펴보니 그리 적지 않은 액수였다. 나는 모든 모금액을 투명하게 공개했다. 또한 집행 내역과 동의를 얻은 함께 일한 이들의 신상까지 전체 공개를 해 행여 있을지 모를 실수나 잘못을 미리 예방하였다. 글로 사진으로 아프리카 이름 모를 마을에 들어가 봉사하는 과정을 가감 없이 보여주면서 의미 있게 일을 추진해 나갈 수 있었다.

이 모든 것의 시작은 한 가지 사실에 주목하여 반응하는 데 있었다. 그리고 그 반응에 다시 반응하는 일이 연쇄적으로 반복됐다. 결국, 진심이 공유되었고, 기적이 일어났다. 기적이란 말이 '추상형 명사'가 아니라 '동사형 명사'가 된 셈이다. 기적의 시작은 반응하는 데 있다.

기적의 시작은 반응하는 데 있다.

새로운 동행 in 말라위

함께 라이딩을 해 온 근용, 병무와 헤어질 시간이다. 남아공에서부터 벌써 3개월의 시간이 지났다. 자신의 유익을 내려놓고, 남의 아픔을 보듬어줄 줄 아는 성숙한 영혼들과의 동행은 깊은 여운을 준다. 나누고, 베풀면 또 즐겁지 아니한가. 따분할 수도 있는 자전거 여행과 아픔을 보듬어주는 봉사까지 해낸 두 청년에게는 인간애의 향기가 있다. 이제 서로 다른 길을 갈 때다. 라이딩 중 사고를 당해 몸이 완전치 않은 근용은 말라위와 우간다, 잠비아를 돌며 봉사활동에 매진한 다음 유럽으로 나갈 예정이다. 병무는 말라위 봉사활동을 조금 더 한 다음 탄자니아를 거쳐 한국으로 떠나기로 했다. 작별할 때 그 사람의 진가가 나타나기 마련이다. "수고했어."라는 짧은 한마디엔 참 많은 마음이 담겨 있다.

어느 날 한 통의 메일이 왔다.

「형님.」

첫 마디부터 형님이라 했다. 아는 녀석인가 보니 전혀 모르는 이름이었다. 호주에서 워킹 홀리데이를 하고 있는 스물다섯의 청년 최기연이라고 본인을 소개했다. 우연히 내 글을 읽고, 여행과 봉사를 병행하는 모험을 해보고 싶었단다. 그는 단번에 마음을 먹고 합류하기를 요청했다. '와서 보라'는 내 말에 정말 2주 만에 호주 생활을 정리하고 아프리카로 날아왔다. 사실 그와는 짐바브웨에서부터 동행했었다. 적응기를 마치고 본격적으로 같이 다닌 건 잠비아에서부터다. 쾌활한 성격에 붙임성 좋은 그는 잠비아에서 한 달간 봉사를 하거나 모기장 구호 활동을 할 때도 묵묵히 자신의 역할을 수행했다. 이젠 그가 전면에 나서기 시작했다. 둘이서 떠나는 길, 이제 새로운 환경이 눈앞에 놓였다.

말라위 호수는 남북으로 580km 길이로 형성되어 있다. 말라위 국토의 3분의 1을 차지하는, 아프리카에서 세 번째로 큰 호수다. 바다가 없는 말라위에서는 이 호수를 삶의 터로 살아가는 이들이 많다. 호수 민물고기를 잡아 훈제로 만들고, 기름에 튀기거나 잡았던 상태 그대로 길거리에 내다 파는 상인들을 쉽게 볼 수 있다. 나는 말라위 호수 변도 좋지만 섬에 가고 싶었다. 외부인의 발길이 뜸한 곳, 고생스런 발걸음을 옮겨야 하는 곳엔 나만이 추억할 만한 은밀한 매력이 있을 것이다. 호수 한가운데 위치한 리코마Likoma, 치주물루Chizumulu 섬에서 넘실대는 시리게 푸른 수평선을 바라보며 책을 읽는 황홀한 망중한을 상상하며 웃음 짓곤 했다.

기연이와 며칠째 라이딩을 함께하며 우리는 벌거벗겨진 말라위의 모습들을 관찰했다. 때론 질서가 흐트러지는 것처럼 보이나 그 안에 생동감 있는 리듬이 있고, 자유로운 분위기 같으나 관습법을 흔드는 상황에 대해선 가벼운 태도들이 보였다. 내가 믿는 것은 이들의 심성이었다. 어느 곳을 가더라도 믿어야 할 건 제도가 아니라 사람이다. 아프리카의 제도란 수단과 방법에 의해 얼마든지 유명무실해질 수 있기 때문이다. 남을 먼저 신뢰하는 것, 그 스팟에서 존중받는 나의 위치가 정해진다.

체력 좋던 기연이가 숨이 찬 기색이다. 우리는 그늘만 보면 자주 쉬었다. 쉴 때마다 늘 콜라 한 병씩 털어 넣었다. 허기와 갈증을 속이는 데 그만이다. 미지근해도 감사하다. 신이 인간을 만들었다면, 인간은 콜라를 만들었노라 연신 감탄한다.

쉬면서 몸의 균형이 흐트러지는 것을 느꼈다. 근육 통증이나 탈진은 아니었다. 민감하게 반응하는 곳은 귀였다. 이어폰을 끼고, 가벼운 포크 기타 선율에 맞춰 자연의 길을 달린다는 것, 자전거 여행을 상상하면 누구나 그려보는 장면이다. 한데 지나친 탐닉 때문이었을까? 귀에 가벼운 통증이 일었고, 나는 즉시 이어폰을 가방에 넣었다. 모든 신경과 감각 기관이 자연과 교감하기 위해 반응하는데 귀만 인위적인 기계음에 지속적으로 노출되었다. 이것이 전체 몸의 밸런스를 흐트러뜨렸다. 진짜 자전거 여행을 하고 싶다면 볼륨을 꺼야 한다. 계산된 음악이 아닌 자연의 소리를 들으며 상큼한 녹색 바람을 가르니 라이딩이 거칠 것 없다. 젊음 하나만 믿고 직진에 직진을 거듭, 밤이 내릴 무렵 말라위 호수를 끼고 도는 가장 큰 도시인 은코타코타Nkhotakota에 도착했다.

"근데 어쩌죠? 이곳에서 출항하는 배는 간밤에 이미 떠났어요. 다음 정박지인 은카타 베이Nkhata bay로 가야겠네요. 배가 천천히 이동하니 하루면 따라잡을 수 있을 겁니다."

하룻밤 아늑한 잠자리를 제공해준 현지 장로교 목사의 조언을 따르기로 했다.

은카타 베이는 수상 교통의 요지다. 말라위 호수를 통해 인접한 탄자니아, 모잠비크, 그리고 호수의 섬들을 가려면 이곳을 반드시 거쳐야 한다.

"치주물루 섬Chizumulu으로 가는 배가 두 척이 있는데 하나는 다우선dhow이고, 하나는 정기선입니다. 가격은 다우선이 더 싼 대신 속도가 느리고, 정기선은 가격은 다양하지만, 밤에 출발합니다."

"아휴, 다우선이요? 절대 안 돼요! 어찌나 풍랑에 이리저리 휩쓸리던지, 정말 타다가 객귀 될 뻔했지 뭐예요. 절대 추천하고 싶지 않네요."

옆에서 대화를 듣던 한 현지인이 커피를 입에 대기 전 고개를 절레절레 가로저었다. 우리는 대수롭지 않게 생각했고, 다음 날 섬에 갈 만반의 준비를 마쳤다. 원시 대륙에서의 숨을 고를 긴 항해가 기다리고 있었다.

로즈의 향기

"맙소사, 괜찮은 거예요?"

"글쎄 그렇다니깐! 빨리빨리 짐 싣고, 타세요!"

뱃사공은 뭐 그리 염려하냐는 투다. 자신의 관록을 믿지 못하겠냐는 듯. 세상의 모든 낙천주의를 그러모은 듯 쾌활한 서양 여행자들이 배낭을 싣고, 하나 둘 자리를 잡아 앉기 시작했다. 배는 고작 8인용이나 될까 했는데 이미 짐만으로도 포화 상태가 될 법했다. 배에 탈 인원만 10명이었다. 물론 이 작은 배로 12시간 동안 거친 풍랑을 이겨내고 섬까지 항해하는 건 아니다. 비공식으로 운행하는 사설 정기선까지 약 30여 분 정도만 탈 예정이었다. 길게 이어진 부둣가의 끝이었으므로 파도는 제법 거세게 부딪혔다. 수심도 꽤 깊어 보였다.

나는 수영 공포증이 있다. 물에 빠져 죽을 뻔한 경험만 세 번이다. 그때마다 트라우마가 대단했다. 구명조끼까지 착용하며 수영에 도전했지만, 바닥에 발이 닿지 않을 때 엄습하는 두려움은 도저히 이길 수 없는 공포였다. 그래서 모든 일에 덤벙대더라도 물에 관한 한 세상에서 가장 까칠한 시선으로 점검한다. 반면 수상안전요원 자격증을 소지한 기연이는 천하태평이었다. 물에 관한 한 세상에서 가장 자비로운 시선을 던진다.

나는 작은 배의 성능과 안전에 의심을 거두지 않은 채 일단 자전거와 짐만 옮겼다. 다른 사람들에게 승선을 양보하며 마지막 탑승 순서를 기다렸다. 잠시 뒤 우려가 현실로 드러났다. 배가 만재흘수선을 훌쩍 넘어 가라앉기 시작했다. 게다가 배 안으로 물이 차올랐다. 심상찮은 사태였다. 추이를 지켜보던 수영 젬병의 의심이 때론 재난을 예방할 수 있으리라, 나는 긴박함 위기감이 들었다.

"이봐요! 배가 가라앉고 있어요!"

혼비백산해진 나는 소리치며 급히 자전거를 빼냈고, 덩달아 다른 서양 여행자들도 기겁하며 승선을 취소했다. 모든 승객 중에 나만 염려하던 배의 문제점이었다. 결국, 수영을 못한다는 치명적 단점이 긴박해진 위험으로부터 구해준 것이다. 선주는 여전히 "No problem!"을 외쳤지만 이미 물 건너간 뒤였다. 거짓말처럼 배가 침몰하고 있었다. 삼 분의 일쯤 가라앉은 배를 끌어 올리려 부둣가의 장정들이 뛰어왔다.

"아니 이건 무슨 경우요? 왜 허락도 없이 승객들을 싣고 가려느냔 말이오!"

허가도 받지 않은 불법 운행이었다. 여객터미널 관리 직원은 흥분해 있었다. 예견된 일이었다. 빅 블루 롯지에서 묵었던 여행자들을 태우려던 배는 알음알음 수배된 현지인 사설 배였음을 타기 전부터 알고 있었다. 손님들에게 편의를

제공하기 위한 롯지 주인과 세금 없이 얼마간의 불법 이윤 취득을 위한 선주의 이해관계가 맞아 떨어진 것이다. 하마터면 평생 씻을 수 없는 악몽이 연출될 뻔했다. "당신 덕분이에요. 큰일 했군요." 영국에서 온 샤론의 격려를 듣고는 긴장으로 뻿뻿해진 몸을 쉬며 한시름 놓을 수 있었다.

밤 10시가 넘어 정기선 일라이라 호가 출항 기적을 울린다. 산더미만 한 바나나와 각종 박스, 공산품들을 배에 빼곡하게 실으니 출항 시간이 1시간 늦어진다. 나와 기연은 한 푼이라도 아끼기 위해 퍼스트 클래스가 아닌 화물칸 티켓을 끊었다. 그 말인 즉 사람이 아니라 짐에 섞여 있어야 하는 처지란 말이다. 뱃고동이 울리고 출발할 땐 시원한 호숫바람에 잠을 청할 낭만을 그렸다. 하지만 어디서부턴지 스멀스멀 역한 냄새가 올라왔다. 또한, 돈이 없어 화물칸을 끊은 현지인 수십 명이 갑판 여기저기에서 엉켜 자니 도난에 대해서도 안심할 수 없었다. 가장 견디기 어려운 건 배가 심하게 흔들거리기 시작하면서 생체 균형을 잡을 수 없었다는 거다. 최악의 잠자리에 맞서야 했다.

기연은 요동치는 배 위에서 정신 차리지 못하고 호수에 연신 먹은 것들을 게워냈다. 현지인들은 고생하는 이방인의 모습에 깔깔거리면서도 차분히 쉴 수 있도록 누울 자리를 마련해 주었다. 안쓰러운 그를 위로하는 나 역시 정신이 혼미해졌다. 잠시 뒤 몸을 가누지 못하고 짐 더미 위로 쓰러졌다. 파도가 거세 사고가 잦다는 얘길 들었는데 절절히 공감했다. 생각해 보라. 오전에 그 배를 타서 이 사달이 났다면……. 깊은 밤으로부터 동트는 새벽까지의 시간이 얼마나 길었는지 겪어보지 않고서는 그 고통을 모른다. 바이킹을 연속으로 다섯 번은 탄, 몹시 언짢은 느낌이었다.

마침내 섬이 보이기 시작했다. 일라이라 호는 수심이 얕고 항구가 없는 섬에 정박하지 못하기에 작은 배로 한 번 더 이동해야 했다. 뭍에 닿을 무렵이었다. 짐이 젖지 않게 하기 위해 여러 사람이 도움 의사를 밝혀왔다. 자전거와 짐들이 워낙 많은 이방인임을 다들 알고 있다. 멀고 먼 이곳까지 고생하며 온 것에 대해 현지인들의 측은지심이 발동한 것이다.

"혹시 팁을 줘야 하나요?"

"안 주셔도 됩니다. 그저 섬 주민들이 착해서들 그러는 거예요. 이 작은 섬에 물건이 들어오니 반가운 거죠."

정말이었다. 섬사람들의 행복한 표정이 또렷하게 보였다. 바지를 걷고, 자전거와 짐을 옮기려는 내 앞으로 한 여자아이가 다가왔다. 녀석은 수줍게 웃더니 말없이 내 짐들을 호숫가로 안전하게 옮겨 주었다. 그러더니 인사도 받지 않은 채 쑥스럽게 미소 지으며 쪼르르 부모에게로 뛰어갔다. 나는 아이를 불렀다.

"안녕, 이름이 뭐니? 몇 살이야?"

"로즈예요. 열두 살이에요."

잠시 아이의 눈을 바라보던 난 형언할 수 없는 행복함에 빠졌다. 이토록 순수한 영혼이라니. 처음으로 법칙을 깨고 주머니를 뒤졌다. 원래 법칙은 깨라고 있는 것 아니던가.

"이건, 일에 대한 대가가 아니야. 네 꿈을 위해 투자하는 거야."

영어가 서툰 로즈는 알듯 모를 미소를 지었다. 내민 손이 무안하게 녀석은 망설이고 있었다. 고마움에 대한 마음을 수줍게 받아든 아이는 호기심 어린 말을 꺼냈다.

"혹시 제가 편지 보낼 주소 있어요? 아니면 이메일이라도요."

"응, 이메일 보내줄게. 주소 좀 알려주겠니?"

섬을 한 번 휙 둘러보았다. 첫눈에도 환경이 열악해 보였다. 질문을 더 던졌다.

"그런데 여기 사용할 수 있는 인터넷은 있니? 넌 이메일 있어?"

"아니요. 그런 건 없어요, 호호호."

아이는 해맑았다. 녀석은 그저 뭔가 기념이 될 만한 흔적을 갖고 싶어 하는 눈치였다. 고작 수십 가구가 사는 작고 조용한 섬에 인터넷은 고사하고 컴퓨터조차 있을 리 만무했다. 로즈는 일주일에 한 번 들어오는 배를 통해 바깥세상에 대해 귀동냥을 했을 것이다. 섬에 존재하지도 않는, 말라위 전체를 통해도 고작 소수의 사람들만 이용 가능한 인터넷이란 수단이 어째서 열두 살 아이의 기억 속에 자리 잡은 걸까. 나는 로즈에게 먹을 것을 더 얹어주며 수첩에 종이 한 장을 찢었다. 그리곤 내 이메일 주소를 적어주었다. 오지도 않을 답장이지만 녀석의 환한 표정에 콧등이 시큰거렸다. 동네 친구들은 부러움 섞인 눈으로 로즈를 바라보았다. 녀석은 종이를 받자마자 깔깔거리며 친구들과 함께 글씨를 뚫어지게 쳐다보았다. 아이들은 연신 '와' 하며 시선을 뗄 줄 몰랐다.

아직 어슴푸레한 새벽 5시. 녹초가 된 기연이는 그대로 해변에 쓰러졌다. 새벽부터 호수로 나와 설거지며 빨래하는 이들은 지쳐 널브러진 우리 모습을 보고는 조심스레 쳐다볼 뿐이었다. 한 시간 정도 지났을까. 해읍스름한 빛을 받아 간신히 몸을 일으킨 우리는 졸린 눈을 비비다 다시 제대로 보기 위해 한 번 더 비벼야 했다. 치주물루 섬에 전혀 예상치 못한 새로운 세계가 펼쳐졌다.

"맙소사! 이 바오밥 나무들 좀 보라고!"

소설 어린 왕자 때문에 더욱 유명해진 바오밥 나무가 섬 전체에 위풍당당 서 있었다. 제멋대로 걸어 다니다 이 장면을 본 신이 있을 수 없는 일이라고 바오밥

가진 게 없지만 착한 사람들의 수줍은 미소가 아름다운,
고마운 일상이었다

나무를 거꾸로 심어 뿌리가 하늘로 뻗었다는 전설처럼 퍽 재미있는 형상이다. 그러나 가볍지 않은 아우라다. 아프리카의 척박한 환경에 적응하며 자라는 나무라 그런지 어딘지 모르게 위로가 된다. 사실 아프리카 부족들이 신성시하는 이 영험한 나무를 보기 위해 수많은 여행자가 신비의 섬 마다가스카르Madagascar를 찾는다. 그러나 그럴 물적 기회가 없었던 나에게 이런 천혜의 풍경은 그야말로 감동 그 자체다.

정말 오랜만이었다. 자연 속에서 게으른 여유를 부렸다. 온종일 섬 주변을 산책하고 사람들을 만나고 휴식을 취했다. 자전거로 두어 시간이면 섬 한 바퀴를 둘러볼 수 있을 정도로 작았기에 서두르지 않아도 되었다. 온 섬을 둘러 열을 지어 서 있는 바오밥 나무의 경치를 보고 또 보아도 결코 질리지 않는다. 다신 볼 수 없을지 모를 이 풍경을 깊이 음미했다. 할 일이 없어 지루한 평화가 이어지는 치주물루 섬의 매력은 이곳까지 온 보람을 너끈히 안겨주었다. 우리는 쉬고, 또 쉬고, 쉰 다음 다시 쉬었다. 밤에는 진한 남빛 하늘에서 쏟아지는 별들에, 낮에는 투명한 파란빛 바다에서 밀려드는 파도에, 눈물 나게 평화로운 특별함이었다. 가진 게 없지만 착한 사람들의 수줍은 미소가 아름다운, 고마운 일상이었다. 작은 섬이라 로즈를 자주 볼 수 있었고, 그때마다 아이의 수줍은 미소 때문에 또 고마운 쉼이었다.

다우선, 그 치명적인 매력

12시 출발인데 역시나 예정보다 세 시간 늦게 돛을 푼다. 당연한 일이다. 자전거를 밀고 갈 수 없을 정도로 해변에 세찬 바람이 불고 있었다. 급하고 거대한 파도는 거칠었고, 허연 포말이 생성되었다 사라지는 장면은 가관이었다. 돛단배밖에 없는 이곳의 사정을 고려하면 호숫가가 이승과 저승의 경계선처럼 느껴지니 말이다.

보아하니 제대로 나갈 수나 있을지 진지하게 의심되었다. 안정성이라곤 눈곱만큼도 찾아볼 수 없었다. 이미 노후화가 상당히 진행된 다우선이다. 승선비를 두고 약간의 승강이를 벌였다. 결국, 가격의 2배를 지불했다. 자전거값을 매기기로 한 것이다. 물론 나보다 훨씬 더 많은 짐들을 실은 현지인들은 절반 가격

이다. 순간 나도 모르게 부끄럽고 허탈해졌다. 겨우 우리 돈 1,000원 차이로 고생하는 뱃사람과 논쟁을 해야 했을까 하는 자책 때문이다. 오랜 여행에도 삿된 마음을 벗어내지 못하고 있다. 그런 마음을 애써 털어내려 조타수와 시시껄렁한 농담을 나누었다.

리코마 섬으로 가는 작은 배에 승선하고 나서 웃지 못할 상황이 벌어졌다. 파도가 거칠게 이는 데다 배가 노후하니 전복의 위험이 있는 것이다. 아무리 아프리카 오지라 하더라도 해마다 사고사가 일어나는 악명 높은 곳이라 안전 대책은 필수였다. 때문에 어디서 구했는지 선주와 조타수 그리고 현지인 승객 몇은 출발 전에 태연하게 구명조끼를 착용하고 있었다.

"이봐요, 나는요? 나도 수영할 줄 모른단 말이오!"

"허허, 미안하지만 나 역시 수영을 하지 못해요. 유감이군요."

"하지만 난 손님이잖아요. 뱃삯도 두 배나 내지 않았소?"

"배가 전복되면 그깟 돈이 중요하겠소?"

표정 하나 바꾸지 않고 대꾸하는 사공이 얄밉기만 하다. 수평선을 바라보던 수영도사 기연이도 심드렁한 표정으로 내 편이 되어주지 않는다.

"형님, 배 전복되면 우린 그냥 남남인 거예요. 제 이름 부르지 마세요."

역시나! 우려가 현실로 다가왔다. 항해하는 동안 뱃전에 파도가 넘쳐와 온몸을 적셨다. 게다가 가운데 앉아 있던 내 자리 밑에서 낡아 벌어진 틈 사이로 물이 쉴 새 없이 스며들어오고 있었다. 정말이지 물에 빠지는 것엔 질색하는 내 얼굴은 사색이 되었다. 며칠 전 악몽이 떠올랐다.

"여기 좀 봐요! 배에 물이 새요!"

"그런가요? 이 봐, 거 물 샌다는데 물 좀 퍼."

힙합 보이처럼 리듬을 타는 남자가 언제나 그랬다는 듯 익숙하게 바가지로 물을 퍼냈다. 그러고선 신 나게 현지 노래를 꺾어 부르는 것이었다. 이런 상황에서조차 유유자적이라니!

기연이는 창백해진 얼굴로 또 쓰러졌다. 수영 실력과 멀미는 상관관계가 전혀 없다는 걸 녀석을 통해 확실히 알게 되었다. 뱃멀미에 강한 나 역시 곧 죽을 노릇이었다. 이런 미친 울렁증은 새벽 바다 문어 잡이 배에서나 느껴봄 직한 수준이리라. 다 죽어가는 우릴 보고는 왜 이렇게 깔깔대니, 이런 천하 태평한 사람들아!

정말이지 거친 풍랑에 아프리카 다우선을 탄다는 것은 폐가에서 홀로 호러 공포 영화 시청하는 경험에 비견할 만한 일이라 확신한다.

리코마 섬에 꽃핀 희망

아담하고 고즈넉한 치주물루 섬에서 리코마 섬으로의 이동은 다시 문명의 혜택을 받는다는 것을 의미한다. 추산으로 약 5,000여 명 정도 되니 치주물루 섬에 비해 제법 많은 사람이 거주한다. 마을엔 하나뿐인 학교와 교회가 있고, 굼벵이 속도긴 하지만 마을 사무소에서는 인터넷이 가능하다. 또한, 조악하기는 해도 천연 활주로가 있어 경비행기가 뜨기도 한다. 정기 취항 없이 위급한 상황 때 이용되는 곳이다.

그럼에도 불구하고 이 섬은 방문을 위해선 오랜 시간과 적잖은 경비를 투자해야 하고, 복수의 날을 투자해 산 넘고, 물 건너 불편한 루트를 거쳐야 하는 오지 중의 오지다. 섬에 도착해서는 도로가 없는 까닭에 자전거를 밀면서 산을 넘어야 했다. 밀면서, 산을! 땀과 눈물 없이는 닿을 수 없는 험준한 지형이다. 그래서였을까. 고생 끝에 낙이 있었다. 이것이 여행의 순리다. 우린 이 섬에서 우연찮게 특별한 이를 만나게 되었다.

세상의 관심에서 멀어진 빈곤한 이 섬에 학교를 세워 운영하겠다는 꿈을 가진 중년의 여성이 있었다. 리코마 섬에서 살아가는 벨기에 출신 여인 조세가 자비로운 표정으로 우리를 맞았다. 정말이지 운명임이 틀림없었다.

“난 구호 활동 전문가가 아니에요. 그렇다고 이와 관련된 전공을 갖거나 경험이 많은 것도 아니었어요. 정말 필요하다고 생각했기에 과감히 뛰어든 거예요. 나를 움직이게 만든 원동력은 간절한 진심이었어요.”

조세는 캔에 든 시원한 콜라를 들이켜고는 무덤덤하게 말했다. 곧 사진과 영상들을 보여주었다. 그 속엔 천진난만한 아이들의 표정들이 금방이라도 튀어나올 것처럼 살아 있었다. 그러면서 그녀가 이제 남은 인생을 이 섬에서 유일한 이방인으로 살아가는 이유를 듣게 되었다.

10년 전, 그녀는 홀로 배낭여행을 다녔었다. 그렇다고 정말 혼자는 아니었다. 아무래도 아프리카에는 위험한 곳이 많기에 길에서 만난 일행들과 같이 다닐 때도 있었다. 남들이 관광지로 일정을 잡을 때 그녀는 말라위 호수에 떠 있는 작은 섬을 방문해 보고자 했다. 그냥 끌렸단다.

그녀는 정기선을 타고 밤새 달려 다시 다우선을 타는 지리한 여정 끝에 이 섬에 도착했다. 그런데 기분이 묘했다.

“아이들이야 밝은 표정으로 나를 반겼지만, 대부분의 사람들의 얼굴에 생기가 없는 거예요. 다들 운명에 순응하며 삶에 찌든 표정들이었어요. 순박하기 그지없긴 했는데 한편으론 세상과 단절된 삶이어서인지 질서가 전혀 없었어요.

나를 움직이게 만든 원동력은 간절한 진심이었어요.

마을에 있던 큰 교회가 그나마 유일한 공동체 역할을 감당했는데 그것이 전부였어요.

원인을 금방 알게 되었어요. 놀랐던 건 이 마을에 학교가 없었다는 겁니다. 정부도 워낙 가난하니 도와줄 엄두를 내지 못했어요. 이곳은 극심하게 가난한 본토에서도 뱃길로 하루 걸리는 거리니까요. 어떻게 할 수가 없었죠. 사람들은 그냥 입에 최소한의 풀칠만 한 채 살고 있었어요."

아프리카 여행이 끝났지만, 그녀는 말라위 호수의 작은 섬마을을 잊을 수 없었다. 결국, 간절함과 오랜 준비 끝에 10년 만에 다시 이 섬을 찾았다. 학교를 세우기 위해서였다. 그녀는 마을 지도자들을 만나 설득했다.

"제가 학교를 세우는 재정 문제를 책임지겠습니다. 하지만 여러분 마을에 학교를 짓는 문제이니만큼 마을 사람들도 적극적으로 협력해줬으면 합니다."

사람들은 좋아했다. 자신들을 도우러 왔다는 사실에 적극적인 협력을 아끼지 않았다. 고립된 섬마을에서의 정체된 삶은 아이들의 미래에도 걱정되는 일이었다. 정부도 해주지 못하는 일을 파란 눈의 외국인이 해준다는 사실에 무척 고무되어 있었다.

"마을 남자들이 노동력을 제공하겠습니다. 그리고 아낙네들은 남자들의 식사를 책임지겠습니다!"

이렇게 해서 짓기 시작한 학교. 단출하긴 하지만 설계도 직접 하고, 벽돌을 직접 생산해 쌓고, 수도 시설까지 완비하니 꽤 그럴듯한 학교의 모습이 나오게 되었다. 초기엔 선생님들이 대개 외부 자원봉사자들로 구성되었었다. 몇 년 뒤부터 의미 있는 족적이 남겨지기 시작했다. 학교에서 교육을 받은 아이들이 선생이 되어 다시 어린 학생들을 가르치는 것이었다. 급여 역시 처음에는 무보수

더 넓은 세상을 경험케 해주고 싶었어요.

였지만, 이젠 섬에서 생활하기에 불편함이 없는 월급을 제공함으로써 양질의 교육을 기대할 수 있게 되었다.

"학교 교육의 목적은 물론 살아가는 데 기본적인 지식을 알아야 하는 것이겠죠. 하지만 전 꿈을 크게 꾸었어요. 아이들을 수도 릴롱궤Lilongwe로 보내고 싶었어요. 더 넓은 세상을 경험케 해주고 싶었어요. 보시다시피 워낙 좁은 지역이기에 이곳에선 배울만한 게 그다지 많지 않아요. 아이들이 도시에 가서 더 많이 배우고, 그중 일부는 다시 고향으로 돌아와 발전에 이바지하면 좋겠다고 생각했어요. 그런 꿈을 아이들에게 심어주는 거죠."

조세의 예상은 들어맞았다. 실제로 학교 설립 시 수업을 받았던 아이들이 10년이 지난 뒤 성인이 되어 학교로 돌아왔다. 선생님을 하는 건 이들에게도 큰 영광이었다. 수도에서 대학을 나와도 마땅히 취직자리가 없기 때문이기도 했지만, 아프리카 문화 특성상 결혼 전 가족과 떨어져 지내는 게 아직은 익숙하지 않은 이유도 있었다. 그들에게 모교에서 선생님을 한다는 건 큰 자부심인 동시에 경제적으로 어느 정도 안정이 보장된 매력적인 직업이 되었다.

학교가 들어서자 마을이 변화하기 시작했다. 아이들이 활력이 생기니 마을 분위기가 덩달아 살아났고, 교육을 통해 얻어낸 지식과 정보들로 나라에서도 무관심했던 이 마을은 점점 기반이 잡혀갔다. 심지어 최근 인터넷이 들어오기도 했다. 지리적 특성을 감안하면 이것은 실로 혁명이었다.

이제는 약 400여 명의 학생들과 10명이 넘는 교사들, 자원봉사자, 관리직원 등이 갖춰진 제법 학교다운 구색을 갖췄다. 체육대회를 열고, 학교에서 필요한 다채로운 행사들도 기획해 운용해 나가고 있다. 학교는 학생들만의 배움터가 아닌 마을 사람들의 삶에 구심점이 되어 있었다. 중요한 건 조세는 이 시스템을

건강히 유지하며 조금씩 현지인들에게 리더십을 이양하는 중이라는 사실이다. 학교의 주인은 다름 아닌 마을 사람들이기에 이들에게 운영권을 원활하게 넘겨주는 것이 발전을 지속할 수 있는 방법이다.

음악 시간, 아이들의 목소리는 우렁찼다. 밖에서는 수돗가에서 위생 교육을 진행하고 있었다. 수학 시간에는 한 명씩 앞에 나와서 문제 푸는 것이 어린 시절 우리네와 꼭 닮았다. 아직 걸음마 단계지만 이 섬에 학교가 세워지고, 발전해가는 것은 분명 기적 같은 일이다. 투자에 비해 얻어낼 것이 없는 땅, 그래서 정치로부터 자유로울 수 없는 구호 단체들이 슬쩍 꺼리는 나라 말라위. 이곳에서 작은 기적의 현장을 본 건 벅찬 감격이었다. 조세, 나이 쉰이 넘어 꿈을 펼쳐 보이는 그녀에게 필요했던 건 간절함과 용기와 주위 사람들의 격려, 그리고 처음 작은 학교를 세울 때 필요했던 돈 1,200만 원이었다.

REPUBLIC OF
MOZAMBIQUE

달빛 아프리카 05
모잠비크

아물지 않은 내전의 상처

기연이의 몸 상태가 생각보다 좋지 않다. 아프리카에서 제대로 먹지도 못하고 야영만 계속 했으니 그럴 수밖에. 무엇보다 녀석의 멀미로 인한 구토 증세 때문에 더는 길게 배를 타지 못할 지경에 이르렀다. 진로를 바꾸기로 했다. 말라위 본토로 되돌아가 탄자니아로 가려던 계획을 폐기시켰다. 이제 목적지는 모잠비크다. 섬에서 다우선 타고 한 시간 반 정도 떨어진 곳이다. 물론 이력이 난 뱃멀미에 한 번 더 시달려야 했다.

이런 천혜의 환경이 있다니! 모잠비크에 들어서자마자 마치 태곳적 원시림 모습에 넋을 잃고 말았다. 선장은 우리 둘만 내려주고는 홀연히 떠났다. 우리는 호숫가에서 멍하니 시간을 보냈다. 사람도, 집도 없었다. 호수와 숲뿐이었다. 모래사장은 해변을 연상케 했다. 고요한 정취가 매력적이었다. 아무런 구속도, 간섭도 받지 않는 고요한 낙원이었다.

입국 비자 스탬프를 받기 위해선 걸어서 20분 거리에 있는 마을로 가야 했다. 모잠비크 북부는 상대적으로 개발이 덜 된 곳으로 자전거 여행자들에게는 지독한 오프로드로 악평이 나 있다. 수만 년 전 이곳이 바다였기에 모래뿐인 길이 많기 때문이다. 경험이 없어 오히려 모든 것에 마냥 긍정적인 기연이완 다르게 난 마음을 단단히 먹고 국경 검문소로 향했다. 스탬프를 찍어주는 직원은 근무 시간인데도 자리에 없었다. 하긴 일 년에 고작 수십 명 오는 이곳에 직원이 근면한 자세로 일을 본다는 게 더 이상할지 모른다. 두 시간이 지난 뒤에야 비로소 입국비자를 받을 수 있었다. 그것도 미리 딱 맞는 비자 피를 준비해서 말이다이곳에서 거스름돈 받기는 불가능할 수도 있으니 미리미리 맞는 액수를 준비해 와야 한다.

나와 기연은 호수 옆 노을지는 곳에 텐트를 쳤다. 아이들의 자지러지는 소리가 먼 곳에서부터 들려왔다. 내일은 저들을 만날 수 있을 거란 기대를 안고 각자 텐트에 고단한 몸을 뉘었다. 몇 개 남지 않은 비상식량인 비스킷을 꺼내 새로운 도전을 자축하면서. 밤새 잔잔한 파도 소리가 돌아가신 할머니 자장가처럼 들려왔다.

"우린 정부군에게도, 반군에게도 환영받지 못했어. 누구의 편도 아니었거든. 평화로운 이곳에 총 들고 쳐들어오는데 대관절 누가 누군지 알 턱이 있어야지? 정부군 편이라고 하면 반군에게 죽고, 반군 편이라고 하면 정부군에게 죽고. 재밌는 게 뭔지 알아? 정부군 앞에서 정부군 편이라고 해도 스파이로 의심된다고 죽고, 반군 앞에서 반군 편이라고 해도 복종하지 않으면 반항도 못하고 죽는 거지 뭐.

영문도 모른 채 마을 사람들이 비명횡사했어. 우리 큰 형도 그 수난을 피해갈 수 없었어. 끔찍했다고. 사람들이 다 산속으로 호수 건너 말라위로 도망갔지 뭐. 완전 폐허가 된 거야."

갓 데워낸 차를 대접하는 필리페는 더듬대며 대답했다. 카메라 배터리 충전이 필요했던 나는 잠에서 깨자마자 마을에서 드물게 태양열 전지판을 보유한 이 집으로 와서 도움을 부탁했다. 순박하기 그지없는 이들은 전기 충전을 허락해주었다. 기다리는 잠깐의 시간 동안엔 차를 내어주었다. 전형적인 시골 마을 풍경이었다. 할 일 없는 아이들은 땅바닥에 그림을 그리며 시간을 보내고 있었고, 무료해 보이는 풍경 속에서도 아낙네들은 이리저리 부산하게 움직였다. 마당에는 닭이며 오리가 쉴 새 없이 돌아다니고, 타작한 곡물과 채소들을 햇볕에 말리고 있었다. 짐짓 평화로워 보이는 이런 풍경이 있기까지 오랜 시간이 흘렀다.

1975년, 마침내 포르투갈의 오랜 식민지 생활에서 벗어나 독립을 쟁취해낸 프레리모 정부는, 그러나 모잠비크 민족저항운동[MNR]의 극우파 세력과 첨예하게 대립하였다. 짐바브웨 독립과 맞물려 복잡하게 얽힌 이들의 총성은 이해득실을 따져 양쪽 편을 지원한 국가 간 지원으로 더욱 심하게 빗발쳤고, 결국 100만 명 이상 살해라는 참담한 결과를 남기게 되면서 전 국민을 공포로 몰아넣었다. 심지어는 당시 도로가 닦이지 않아 차로는 도무지 들어올 수 없는 이곳까지 진격해 와 총부리를 겨누었다[지금도 물론 닦여있지 않았고, 길은 거친 비포장으로 되어 있다]. 동족을 향해서까지 무자비한 만행을 저지른 인간의 야만성이란 도대체.

그때의 여파로 마을은 초토화되었다. 35년이 지난 지금도 마을에서 가장 큰 건물인 교회는 지붕과 벽이 허물어져있고, 온통 총탄 자국으로 얼룩이 남아있다. 경찰서도 없고, 의료 시스템이라고는 미국과 유럽에서 온 자원봉사자 단 두

명이 기초적인 도움을 주는 것밖에 없다. 그러나 그들마저도 의사는 아니다. 수십 가구가 띄엄띄엄 살고 있는 모잠비크 국경 마을 코브에는 여전히 전기도 없이 발전기를 돌리거나 태양열 전지를 이용해 살아가고 있는 낙후된 지역이다. 먹을 것 역시 부실하다. 선진 농사법을 습득하지 못해 밭에서 나는 작물과 옥수수 등으로 하루 한두 끼로 지내고 있다. 오히려 마을에 작은 마켓이 있다는 게 놀라울 정도다. 언제 들여놓았는지 모를 먼지 수북이 쌓인 작은 병 콜라는 변변찮은 수입으로 살아가는 이들이 엄두내기 힘든 가격이다. 아마 이따금 지나가는 외부인이 구입할까 생각만 해본다.

폐허가 된 교회에 가 봤다. 30년 넘게 방치되었다. 교회를 지었던 포르투갈 정부가 철수하면서 보수할 돈이 없어 그대로 내버려 둔 것이다. 그러나 종교는 생명력이 강하다. 근처에 정교회가 세워졌다. 일요일이 되면 아이 어른 할 것 없이 다 모이는데 그 수가 300여 명 정도 된다. 걸어서 두세 시간 걸리는 이웃 마을에서까지 찾아온다고 한다. 일요일엔 그곳에 가보기로 한다. 내전으로 얼룩진 상처가 채 가시지 않은 오지 마을, 나는 별안간 마을 사람들을 위로할 무언가를 해야 한다고 느꼈다. 같이 따라온 기연에게 제안했다.

"우리 이 마을에 모기장 설치해 주고 갈까?"

"좋아요, 형!"

호수에서 수영을 즐기던 기연은 배를 탈 때만 제외하고는 늘 활력이 넘쳤다. 우리는 나흘간 이곳에 머물며 말라리아 예방 모기장을 쳐주기로 했다.

모기장은 사랑을 싣고

"보시다시피 우리 마을엔 모기장이 없어요. 구입하려면 리싱가Lichinga로부터 가져와야 하고, 운반비가 또 따로 듭니다. 주문까지 생각하면 며칠 걸리겠는데요?"

어영부영 시간만 보낼 순 없었다. 마을 긴급 전화를 찾았지만, 전기도 없는 곳에 전화가 있을 리 만무했다. 다행히 휴대전화를 가지고 있는 이가 있었다. 취지를 설명하고 양해를 구한 다음 모기장 주문을 부탁했다. 여러 명이 합심한 끝에 연락이 통했다. 결국, 다음 날 말라위 호수를 따라 들어오는 배를 통해 모기장을 공수받기로 했다. 약간의 돈이 더 들더라도 운반 시간을 단축할 수 있는 유일한 방법이었다.

동네를 돌아다녀 볼까 했지만, 자전거를 타고 멀리까지 갈만한 길은 아니었다. 마을을 벗어나자마자 산이 나왔고, 중간에 마을 없이 꼬박 80km를 가야 하니 따로 라이딩을 하기에도 애매한 거리였다. 해서 코브에에서는 별도의 이동 없이 호숫가에 텐트 치고, 휴식을 가지기로 했다. 호수에서 낚시를 하던 아이들은 어른 팔뚝보다 굵은 고기들을 잡아 자랑했다. 녀석들은 자기네 마을을 방문한 외국인이 신기했는지 밤이 늦도록 텐트 주변을 떠날 줄을 몰랐다. 뭐가 그리 좋은지 깔깔깔 웃는 걸까. 나도 그만 따라 웃었다. 아무 일도 없는데 웃으니까 행복이 밀려온다.

다음 날 100개의 모기장이 도착했다. 나와 기연은 가가호호 모기장을 설치하기 위해 지리에 밝은 마을 어른들을 따라 산에 오르기 시작했다. 비록 나눔의 마음으로 시작한 봉사지만 과정이 만만치는 않았다. 한 가구 설치하고 다른 가구까지 가는 데만 걸어서 20분이 걸리기도 했다. 그래도 힘을 낼 수 있었다. 별안간 찾아온 외국인에게 보내는 순박한 미소 때문이다. 본인의 흙집에 모기장을 설치해 주자 어르신들이 어쩔 줄 몰라 하며 감격해 한다. 괜히 뭉클해졌다. 더 도와주고 싶어도 가진 게 없어서 미안한 마음이다. 작은 것에 감사하는 그들을 보며 큰 것에 불평하는 내가 그만 부끄러워졌다.

"저기, 이거……."

"이게 뭔가요?"

산등성이에 사는 한 노인 부부는 고맙다며 닭장에서 꺼낸 달걀을 쥐어주었다. 하지만 그들의 사정을 모르는 게 아니어서 고맙다는 말만 하고 내려왔다. 나에게는 별미나 간식 정도일 그것이 이들에게는 하루 식량일지도 모른다. 산골 사람들의 진심으로 많은 생각이 교차했다.

워낙 집이 띄엄띄엄 있어 반나절 동안 고작 스무 개를 설치했다. 힘들어도 묵묵히 함께 해준 기연이가 내심 고마웠다. 가이드해준 마을 촌로 역시 기진맥진하긴 마찬가지. 일을 끝내고는 간식으로 미지근한 병 콜라와 도너츠를 먹었다. 도너츠는 이들이 직접 집에서 반죽해 만드는 것인데 재료나 기름 상태가 썩 좋아 보이지는 않았다. 그래도 맛있었다. 당을 섭취한다는 건 몸과 맘에 큰 격려가 되었다.

늦은 오후에는 임시 병원을 들러 상황들을 살펴보고 계속해서 마을을 돌아다니며 작은 도움을 줄 만한 정보를 수집했다. 마을에서 텐트를 친 호숫가까지는 걸어서 20여 분 거리다. 자전거나 그 밖의 기타 짐을 두고 가도 누구도 건드는 이가 없었다. 지친 몸을 이끌고 텐트에 왔을 때 나와 기연이는 감동하지 않을 수 없었다. 우리를 위해 누군가 음식을 가져다 놓은 것이다. 이곳의 주식인 은시마 우갈리와 민물 생선이었다. 고기는 가시가 많고, 크기는 멸치보다 약간 더 큰 정도였는데 잔가시 때문에 도저히 넘길 수 없었다. 다만 양념 맛으로만 겨우 은시마를 입으로 밀어 넣을 수 있었다. 누가 가져다 둔 지도 모른다. 우린 그저 놀란 눈으로 바라보고, 감사하게 먹었을 뿐이다. 다음 날엔 아침부터 누군가 또 새 그릇에 새 은시마를 담아 가져다주었다. 이것이 정이다. 이것이 아프리카다. 아이들은 우리가 떠나기 전날 밤까지 저녁때만 되면 찾아와 어울려 놀았다. 작은 보트를 빌려 뱃놀이도 같이 했다. 아무것도 없는 마을이지만 왠지 떠나기 싫은 곳이었다. 나는 일요일 정교회 예배만 드리고 떠나기로 했다.

아무것도 없는 마을이지만 왠지 떠나기 싫은 곳이었다.

굉장한 예배에 참여한 남자

뼈아픈 역사에 대한 회한이 남아있던 걸까. 이들의 예배는 마치 그 응어리를 풀어내려는 듯이 보였고, 무척 뜨거웠다. 오전 8시가 채 되기도 전에 정교회에는 벌써 수백 명이 오늘 있을 예배를 기대하며 단정한 차림으로 모여들었다. 평소에는 비루한 생활을 영위하는 이들도 교회에 올 때만큼은 가장 예쁜 전통 복장을 차려입고 오는 것이다.

나는 아침 첫 예배를 드리기로 했다. 종교적인 목적뿐만 아니라 이들의 문화를 엿볼 수 있는 좋은 기회이기 때문이다.

"환영합니다, 어서 오세요!"

포르투갈어와 영어를 쓰는 두세 명을 제외하곤 대부분 부족 대화를 나누었지만 감으로 알아들을 뿐이다. 이들은 외부인이 왔다는 것만으로도 좋아했고,

80
4

뒷자리에 앉은 나를 너도나도 상석으로 앉히려 했다. 수백 명의 하트 뿅뿅 발사하는 시선이 너무 부담되기도 했다. 대략 두 시간 정도 예상한 예배가 끝나면 나갈 참이었다. 그런데, 그런데!

노래하고 설교하고 노래하고 기도하고, 다시 설교하고 기도하고 노래하고, 도무지 끝이 보이지 않았다. 시간은 10시를 넘어, 11시, 12시를 향해 갔다. 참을 수 없어 예배당을 빠져나가고 싶었으나 낯선 방문자에 대한 수많은 이들의 애정 어린 시선이 있었으므로 옴짝달싹 머무를 수밖에 없었다. 이윽고, 12시 반이 되었고, 예배가 종료되었다. 참으로 긴 시간이었다. 굳어진 다리와 허리를 펴며 헛헛한 웃음을 짓고 있을 때 아낙네들이 살갑게 눈웃음 지으며 먹을 것을 가져다 주었다. 소박한, 먹먹한 차림이다. 감동을 주는 사람들이 아니다. 그냥 감동 그 자체인 사람들이다. 오물오물 은시마를 먹고 있을 때 다니엘이라고 자신을 소개한 주일학교 선생님이 내게 다가왔다.

"점심 먹고 잠시 휴식을 취한 뒤 2시부터 다시 예배가 열립니다. 참석하셨으면 해서요."

"뭣이오?"

이들에게 예배는 그냥 하나의 축제였다. 울다가 웃고, 서서 춤추다가 앉아서 기도하고……. 정신없는 의식의 소용돌이 속에 드디어 예배가 끝났다. 시계는 오후 5시를 막 지나고 있었다. 따로 모여 교제할 기회가 없는 답답한 삶을 살아가는 이들에게 정교회는 하나의 해방구 역할이 되었을 것이다. 그러니 더욱 모임에 집착하게 되는 것일지도 모른다. 기억 속에서 내전을 지우려는 그들의 자유로운 노래와 미움 한 점 보이지 않는 웃는 낯이 강한 인상으로 다가왔다. 나는 마을에 안녕과 행복을 빌어주며 붉은 석양이 호수에 입을 맞출 때 자리를 떠났다. 그리고 어쩔 수 없이 월요일 아침에 출발하기로 해야 했다.

민물 우렁이의 배신

"형, 이거 봐요!"

기연이가 소리쳤다. 약간 흥분한 어조다. 잠에서 갓 깨어난 나는 눈을 비비며 상황을 물었다.

"뭔데?"

"우렁이요, 우렁이."

씨알 굵은 우렁이다. 현지인들이 은시마를 주긴 했지만, 그것만으론 허기를 달래기 부족했다. 사실 며칠 동안 제대로 음식을 먹지 못한 까닭에 나는 눈이 뒤

집히기 일보 직전이었고, 말라위를 건너온 까닭에 비상식량도 제대로 구비하지 못한 상황이었다. 어느 날 저녁 호수를 바라보다 문득 기연이에게 한 말이 떠올랐다.

"너 수영 잘하잖아. 잠수도 잘하고, 혹시 호수에서 구할 만한, 먹을 거 없을까?"

나는 진지했다. 때문에 현지인들이 쓰는 허름한 낚싯대를 드리워 은시마를 떡밥으로 해서 낚시에 도전하기도 했다. 그나마 한 시간 동안 건져 올린 건 10cm 남짓 정도 되는 물고기 한 마리였다. 체념한 채 옆에서 함께 낚시하던 이들에게 내가 잡은 고기를 건넸다. 사실 어떻게 요리해 먹을 수도 없는 상황이었다.

그런데 결국 기연이가 해낸 것이다. 녀석은 잠수를 하더니 밑바닥에 깔려있던 토실토실 살이 오른 우렁이를 채집해 왔다. 열 개 정도 되니 한 끼 식사로는 그만이다. 초장이 없는 게 아쉽지만 삶아 먹는 그대로의 맛도 좋을 성 싶었다. 우리는 냄비를 구하고 직접 아궁이를 대신할 돌과 마른 장작을 구해 야생에서 불을 지폈다. 지글지글 끓는 소리에 흥분을 감출 수가 없었다. 비록 냄비는 새까맣게 타버렸지만, 설거지는 나중 일이다. 우렁이가 다 익고 난 뒤 나는 큰놈 하나를 골라 속에서 살을 꺼내 후후 불어가며 한입에 털어 넣었다. 입안에 터지는 육즙의 맛은 필경 환상적이리라.

"우웩!"

"왜요?"

"모래밖에 없어, 모래밖에! 안이 온통 모래야. 그리고 살은 아예 못 먹어, 쓰고 질겨!"

대실패였다. 믿을 수 없다는 표정의 기연이가 한 입 베어 물었다. '우웩!' 녀석 역시 삼키지 못하고 도로 뱉어버렸다. 몇 시간 동안의 수고와 설렘이 수포로 돌아가 버렸다. 망연자실해진 우린 남은 우렁이들을 버려야 했다. 배는 더욱 고파왔고, 나는 마켓에서 구입한 작은 비스킷으로 출출함을 속였다.

먹을 것이 없지만, 서로 더 먹겠다는 다툼이 없는 마을, 열악한 환경이지만 그래도 웃음이 있고 행복한 마을, 내전의 잔재가 싹 사라진 건 아니지만 조금씩 회복되어 가고 있는 마을, 비스킷을 먹으면서 나는 아주 조금은 이 마을의 분위기를 파악할 수 있었다. 이들을 위해 모기장 외에는 무언가 더 많은 것을 나눌 수 없었다. 우연히 들어온 코브에 마을, 나는 이들이 살아가는 소박한 행복에 대해 생각해 보게 되었다. 우리는 짐을 챙겨 며칠 간 정든 이 마을을 떠났다.

먹을 것이 없지만, 서로 더 먹겠다는 다툼이 없는 마을,
열악한 환경이지만 그래도 웃음이 있고 행복한 마을,
내전의 잔재가 싹 사라진 건 아니지만 조금씩 회복되어 가고 있는 마을

리싱가에서의 초대

북부 모잠비크 길은 험난하다. 리싱가까지는 차를 이용하기로 했다. 난감한 상황이 겹쳤다. 우선 돈이 떨어졌다. 모잠비크로 들어왔으나 모잠비크 화폐인 메티칼이 없었다. 잠이야 캠핑으로 해결한다지만 당장 아무것도 사 먹을 수가 없었다. 또한, 산을 굽이굽이 도는 형세도 험했다. 모험을 즐기는 입장에서 그대로 돌진하고 싶기도 했다. 하나 브레이크 패드 및 프론트 랙 등 자전거 상태가 좋지 않았다. 규모가 있는 도시에 가서 부품을 구해야 했다. 특히 그간 거친 로드를 달렸던 여파로 무거운 짐을 실은 프론트 랙이 심하게 덜거덕거렸는데 아프리카에서 부품을 구할 수는 있을지, 수리할 수는 있을지 장담할 수 없었다. 이대로 가다 랙이 부러지거나 무용지물이 되면 최악의 경우 기약 없이 여행을 중단

해야 한다. 우선 환전을 하고 응급처치부터 하기로 했다.

코브에에서는 하루 단 한 대, 오전 8시에 출발하는 미니 트럭이 있다. 좌석은 상석이고, 짐칸에는 가축과 곡물 등의 짐들이 실어졌다. 물론 짐 사이사이에 사람들이 끼어 앉아야 했다. 먼지를 옴팡 뒤집어쓰고 3시간여에 걸쳐 도착한 리싱가의 규모는 생각보다 컸다. 대부분 빈민가이긴 했지만, 시내 중심에는 은행과 상점이 있었고, 인터넷 카페도 있었다. 시간당 2불이라는 적지 않은 금액이었지만, 긴박한 경우에는 서신을 주고받는 급한 용무를 해결할 수 있었다. 우선 은행 업무를 마치고 자전거 상점을 찾았다. 어느 정도 예상은 했지만 애석하게도 이곳에서 프론트 랙을 구할 방법은 없었다. 날이 어두워지고 있었으므로 간단하게 정비만 하고는 숙소를 구하기 위해 거리를 헤매기 시작했다.

"모잠비크는 위험한 나라야, 물건 조심해."

길에서 마주친 남자가 짐짓 심각한 표정으로 조언한다. 확실히 도시의 분위기는 시골의 그것과는 달리 냉연하고 날카롭다. 가장 먼저 경찰서를 찾았다. 경찰서야말로 여행자의 안전을 책임져 주는 최고의 방어막이다. 혹시나 터질지 모를 사고에 대비해 그들과 안면을 터놓는 건 중요하다. 경찰관들은 낯선 여행자의 부탁에 흔쾌히 응하며 캠핑할 만한 숙소를 찾아주기 시작했다. 그러나 도시에서는 무리였고, 우리는 유료 숙소를 염두에 둔 채 먼저 교회를 찾아가기로 했다. 교회야말로 지나가는 나그네를 돌봐줄 만한 곳이라고 믿었고, 무엇보다 아프리카 특유의 활기찬 배려를 기대했기 때문이다.

마침 한 교회에 문이 열려 실례를 구하고 말을 걸었다.

"실례하겠습니다. 우리는 한국에서 온 자전거 여행자입니다. 괜찮다면 교회 예배당에서 하룻밤 묵어가도 될까요? 식사나 샤워, 기타 등등은 전혀 필요 없습니다. 예배당에서 잠만 자고 내일 아침 일찍 떠날 예정입니다."

"아뇨, 교회에서 묵으실 필요 없습니다. 우리 집으로 가는 게 어때요? 아내와 아이가 있긴 하지만 괜찮아요, 보아하니 샤워도 해야 할 듯싶은데. 비어있는 방이 있으니 재워 드리죠."

호쾌한 인상의 루이스였다. 그는 나와 기연을 번갈아 보고선 초대 정도야 어렵지 않다며 자신의 집으로 갈 것을 권유했다. 더욱이 그는 영어를 구사할 줄 알았다.

"직업상 가끔 영어를 쓰거든요. 무역업에 종사해서 말이죠. 해외 바이어들과 일을 하려면 필수입니다."

그는 교회 모임을 마칠 때까지 잠시만 기다리라고 양해를 구했다. 집에 도착하니 이미 소식을 들은 그의 아내가 기대도 하지 않았던 풍성한 식사를 준비했고, 귀여운 그의 딸 엘리자베스 역시 수줍게 영어를 하며 친근하게 다가왔다.

루이스는 과거 모잠비크의 역사와 현재 파생되고 있는 문제, 앞으로의 발전 가능성에 대해 진지하게 설명했다. 국토가 워낙 넓다 보니 쌍끌이식 발전은 어렵지만, 리싱가처럼 전략 지역을 중심으로 한 외국자본 유입에 대한 기대감을 표출했다. 여행을 여행으로만 끝내지 말고 기회가 많은 땅이니만큼 새로운 땅에서 도전하기를 조언하기도 했다. 코브에에서 지내는 동안 호숫가에 몸을 씻는 거 말곤 제대로 된 샤워를 한 적이 없었는데 간만에 온수 샤워로 찌든 피로를 털어낼 수 있었다. 하룻밤 초대로 마음이 따뜻해져 왔고, 다음 날은 루이스에게 제안해 빈민가에 모기장 치는 것을 도왔다. 할 수 있는 한 빈손으로 아프리카를 떠나고 싶었다. 거저 얻었으니 거저 주는 마음, 추운 날 따뜻한 난로 옆에 앉아 고구마를 까먹는 느낌으로 여행하고자 했다.

루이스는 우리 일정에 대해 우려했다. 리싱가 이후에는 험난한 여로가 예정되어 있다. 우리는 이 길을 2주간의 일정으로 지나갈 계획이다. 아무래도 인터넷 정보조차 제대로 된 게 없으니 준비를 단단히 해야 했다. 진짜 모험이 시작되는 것이다. 도시를 벗어나자마자 아프리카 특유의 황톳길이 나왔다. 아스팔트가 아닌 흙길을 달리는 것에서 진정한 라이딩의 묘미를 체감한다. 사람들은 너나 할 것 없이 손을 흔들어 인사했다.

간간히 이방인의 출현에 혼비백산해 도망가는 아낙네와 어쩔 줄 몰라 울어버리는 아이들의 모습이 여간 재밌지 않다. 개구쟁이 아이들은 사진을 찍을라치면 어느샌가 주변에 모여들어 흥미로운 눈빛으로 우리를 바라보았다. 가진 것 없이 풍성한 모잠비크 북쪽 길 여행, 점점 더 매력 속으로 빠져들고 있었다.

가난하다고 해서 왜 사랑을 모르겠는가

"저기, 죄송합니다! 먹을 것 좀 있나요?"

극심한 배고픔에 눈앞이 핑핑 돌았나. 깡촌은 이따금씩 나왔고, 문명 세계에서 보았던 일반적인 서비스를 기대할 순 없었다. 감정은 점점 날카로워졌고 제어가 어려웠다. 급기야 민가에 들어갔다. 마루에서 하릴없이 시간을 보내던 노인이 나를 보고는 끔뻑끔뻑 눈을 감았다 떴다 했다. 부족 언어를 모르니 말이 통할 리 없었다. 고로 나는 열정적인 바디 랭귀지를 나눴다.

노인은 자신의 앞마당 구석에 세워둔 장대를 꺼내 들더니 뒷마당으로 사라졌다. 가옥 뒤편에는 한 그루의 나무가 있었다. 장대를 가지 사이로 푹푹 찔러 넣더니 열매가 툭 떨어졌다. 탐스럽게 익은 파파야다.

“기연아, 여기 좀 와 봐!”

먹을 것이 보이자 흥분이 터졌다. 쩌렁쩌렁한 목소리로 탈진 상태의 기연이를 불렀다. 먹이를 앞에 둔 살쾡이 눈빛이 된 난 맥가이버 칼을 꺼내 반으로 자른 뒤 게걸스럽게 먹어치웠다. 그렇지만 하나 가지고는 몹시 부족했다. 애처로운 눈빛을 보냈다. 노인은 군대 간 막내아들 대하듯 우리를 측은하게 바라보았다. 왜 이런 곳까지 고생하며 왔냐며 걱정하는 표정이다. 그는 파파야 열매를 하나 더 따 주었다. 기연이는 연신 감탄하며 눈가가 촉촉해졌고, 나도 그제야 잠시 여유가 밀려 들어왔다. 이틀간 민가 마당에 텐트를 치고, 모래 섞인 은시마를 먹으며 달려온 길이다. 피곤한 기색을 읽었는지 마루에서 잠시 쉬었다 가라는 노인의 제안에 난 손사래를 쳤다. 그 마음 고마우나 갈 길이 너무나도 멀었다. 한가하게 머무를 수 없었다. 우리는 연신 고맙다고 꾸벅 인사를 한 뒤 다시 안장 위에 올랐다.

다음 날, 이놈의 망할 배는 왜 이렇게 자꾸 꼬르륵거리는지. 도무지 허기를 다스릴 수 없었다. 차도 아니고 자전거로 건너는 비포장 산길은 지옥의 코스다. 사람과 음식과 건물이 언제 나올지 모른다. 앞날이 불투명하다. 이게 모험의 매력이긴 하지만.

마침내 임계점에 이르렀을 때 참을 수 없어 악을 쓰고 말았다. 주머니에 돈은 풍성하되, 무용지물이었다. 찐 옥수수 하나에 콜라 한 병이라면 10불의 가치를 지불할 용의도 있었다.

하늘의 자비였을까. 고맙게도 교실 세 개의 단층 짜리 작은 학교가 나왔다. 깊은 산 속 마을이지만 몇십 가구가 어우러진 제법 구색을 갖춘 군락이다. 호기심 많은 아이들이 먼저 정탐을 나왔다. 지나온 길에 본 작은 우물에서 멱을 감던 녀석들이다. 망설이는 수십 명의 아이들은 멀찌감치 떨어져 있고, 용기 낸 몇몇

EMÍLIO

아이들만이 말을 걸어왔다. 녀석들은 내가 짧은 몇 마디로 대답하자 놀라며 삽시간에 "와!"하고 사라졌다. 주위는 순식간에 다시 적막에 잠겼다. 몇 분 뒤, 거짓말처럼 보이지 않던 사람들이 여기저기서 모여들기 시작했다. 아이들이 아빠엄마의 손을 이끌고 온 것이다. 족히 50명은 모였으니 남아 있는 마을 인구가 대부분 모인 셈이다.

"배가 고파서요. 혹시 마을에 먹을 것이 있나요? 부탁 좀 드리겠습니다."

마을 추장이 사태를 파악하고는 한 청년에게 요상한 눈빛을 보냈다. 짧게 한 마디하고 고개 한 번 끄덕거렸을 뿐인데 청년은 알았다며 바람처럼 사라졌다. 추장은 상황을 파악하기 위해 몇 가지 질문을 던졌고, 나는 눈치껏 가능한 모든 동작들을 크게 움직이며 설명했다. 알았다는 듯이 자비로운 미소를 던질 때 상기된 표정의 청년이 도착했다. 그는 잠시 추장과 눈빛을 주고받더니 손에 든 걸 수줍게 내밀었다. 그리고는 멋쩍게 웃었다.

"바나나입니다. 추장님께서 전해 달라 하셨어요. 여행하는 당신에게 도움이 될 겁니다."

어림잡아도 잘 익은 녀석들로다가 서른 개는 넘게 달려 있었다. 이 정도면 둘이서 하루 치 식량은 된다. 넉넉한 배려였다. 사실 이때 나는 무너졌다. 가난한 아프리카를 도와주러 왔다는 오만함 말이다. 이들이 없다면 도대체 어떻게 모험을 떠날 수 있단 말인가. 빈손으로 온 삶인데, 다른 이에게 조금 더 베푸는 것이 수직적 도움인가. 아니다, 마땅한 수평적 나눔이다.

날이 저물자 또다시 잘 곳에 대한 대책을 세워야 했다. 산길에 땅을 개간해 세워진 오두막이 보였다. 사방 1km 정도에 10가구 정도만 사는 곳이었다. 빈집일까 고민할 필요가 없었다. 마당에 타작한 곡물과 기르는 비둘기들을 보고선 사람이 있을 거라 확신했다. 비둘기 집은 한눈에 봐도 독특했는데 큰 나무통들을 밧줄로 단단히 연결해 마치 아파트처럼 층층이 쌓아 놓았다. 그리고 나무통에 구멍을 만들어 놓으면 비둘기들이 알아서 찾아와 집으로 삼는 것이었다. 야생이되 가축과 다름없는, 오랜 경험이 만들어 낸 생활 작품이다.

집 마당만 벗어나면 야생인 데다 유일하게 텐트 칠 공간이 이곳뿐이어서 우리는 주인이 올 때까지 하릴없이 기다렸다. 눈부시게 빛나는 태양이 산마루로 넘어갔고 곧이어 인기척이 들렸다. 부부로 보이는 중년의 커플은 놀라는 기색이 역력했다. 역시나 자초지종을 몸으로 얘기하고선 땅바닥을 가리키며 텐트를 쳐도 되는지 물었다. 주인은 고개를 끄덕거리면서 한 가지 물어왔다.

"그런데 식사는 했나요?"

도리질을 할 수밖에. 알았다고 끄덕거리는 주인의 허락대로 우리는 마당에 텐트를 쳤다. 잠시 뒤, 남편은 마당 한구석에 불을 지피고 부인은 비둘기 집으로 다가갔다. 그녀는 구멍에 손을 넣고선 비둘기 알들을 꺼냈다. 그리고는 남편이 지핀 불에 냄비를 올려놓고 기름도 두르지 않고 비둘기 알 프라이를 만들기 시작했다.

"이거 드세요. 가끔 비둘기를 잡아먹기도 하는데 그건 특별한 날에만 그래요. 보통은 알을 먹어야 하니까요."

전기도 없는 산속 민가. 우리는 모닥불 근처에 둘러앉아 갓 익은 비둘기 알을 입에 털어 넣었다. 건네준 구운 옥수수도 한 입 베어 물었다. 눈물이 핑 돌았다. 맛있기도 했지만 고마움이 더 컸다. 부부는 말이 통하지 않는 게 더 즐거운지 연신 우리 눈을 보며 웃기만 할 뿐이다. 까만 밤에 불길 건너 눈의 흰자와 치아가 도드라지게 보였지만, 세상에서 가장 하얀 마음을 가졌음을 부인할 수 없었다. 예상치 못한 이런 유쾌한 만남이 있을 줄이야! 부부의 사정이 빤한지라 차마 하나 더 달라고 하지 못했다. 그저 마당을 내어준 것만으로도 고마울 뿐이었다. 가난하다고 왜 사랑을 모르겠는가? 이들의 투명한 인간애는 속세에 찌든 탁한 마음에 깊은 통찰을 심어주었다. 밤이 깊었고, 우리는 세상에서 가장 편안한 쉼으로 별을 보았다. 내 이웃을 사랑하라, 라는 삶을 실천하는 어느 아프리카 무명자의 집 마당에서.

이들이 없다면 도대체 어떻게 모험을 떠날 수 있단 말인가.

산속 평화를 깬 철없는 자전거 여행자

'표범 꼬리를 잡지 마라, 잡았다면 절대 놓지 마라.'

'케이프 투 카이로Cape to Cairo'로 이어지는 아프리카 자전거 여행의 가장 험난한 코스가 된 모잠비크 북부에서 원주민 속담을 떠올린다.

가지고 있던 지도는 분명 얇고 빨간 줄비포장 산길로 험한 여정을 경고했지만 상냥하게 무시했다. 가령 야구팬이라면 상상해 보자. 9회 말 투아웃 풀카운트 만루 역전 위기에서 추신수에게 한복판 평범한 직구를 던지겠다는 충격과 공포로 점철된 고집과 비견될 수준이다. 무결집행의 원칙이 사라질 때 세렌디피티serendipity의 행운이 찾아온다는 것이 나의 개똥 여행철학이었기 때문이다.

그레이트 리프트 밸리Great Rift Valley로 불리는 동아프리카 대지구대가 통과하

는 이곳은 완벽한 침묵이 지배한다. 또한, 완벽한 더위와 완벽한 허기가 청춘의 열정을 시험한다. 머나먼 여로를 떠난 순례자일수록 오지에서의 코셔Kosher, 금기음식는 상상도 못할 일이다. 애먼 신념이 아닌 자연의 순리를 따라야 한다.

그 옛날 바다였을 산허리 모랫길 위에 자전거를 내팽개치고 털썩 주저앉아 오렌지 껍질을 깐다. 아삭하고 상큼한 알갱이를 잔뜩 기대했더니 속에서 말랑말랑한 애벌레가 기어 나온다. 한동안 파브르처럼 꼬물꼬물한 녀석의 움직임을 면밀하게 관찰한다.

"유기농이군."

담담하게 그 부분만 떼어 버리고는 한 입 베어 문다. 태양과 바람과 물을 담아 시쿰시쿰한 맛이 된 오렌지 하나로 배고픔과 갈증을 잠깐 미뤄둔다. 7개의 가방을 매단 자전거를 모랫길에서 밀 때면 강제적 무아지경에 빠진다. 그러기를 여러 시간.

드디어 아주 작고 정적인 마을을 만났다. 조건 반사처럼 조악하게 진열된 간이 슈퍼로 뛰어갔다. 오래되어 눅눅해진 비스킷을 꺼내 게걸스럽게 먹으면서 남자에게 돈을 건넸다.

그런데 어찌 된 영문인지 한참을 기다려도 거스름돈을 내 줄 생각을 않는다. 설마 뜯기는 건가. 그러기엔 그가 처음 시선을 마주했을 때 보였던 곰살궂은 표정을 의심할 수 없다. 궁금해 안을 들여다보았다.

당황스러웠다. 그는 평화를 잃은 모습이다. 아뿔싸! 여태 계산을 못하고 있었다. 그 모습에 걱정이 된 내가 한마디 했다.

"저런, 교육이 필요하군요. 혹시나 협잡꾼을 만난다면 속수무책 속을 수도 있잖아요."

"이 문제의 발단이 당신 때문이라는 생각은 해 본 적 없나요? 우린 금전 부분에서 문제없이 아주 잘 지내왔고 지금도 그래요. 그런데 별안간 당신이 나타나서 떡하니 계산이 어려운 큰돈을 주었네요. 보세요. 저 남자는 아까부터 지금까지 고민에 휩싸였군요. 평화를 깨뜨린 원인이 있다면 바로 당신으로부터 찾아야겠지요."

마을의 총무인 카리아테는 전혀 뜻밖의 얘기를 한다. 내가 내민 큰돈이 큰돈을 필요로 하지 않는 첩첩산중 소박하고 고요한 마을의 평화를 깨뜨렸단다. 악센트 강한 포르투갈어 말투가 마치 신선놀음하듯 통투하다.

그의 대답에 잠시 혼란을 느낀다. 사실 나는 그 장면이 애석했었다. 가끔씩 손가락으로도 셈을 하지 못해 당황하는 현지인들을 보면 늘 그랬다. 하지만 그들 사이에는 적확한 계산보다 더 고귀한 인간에 대한 진심 어린 신뢰가 형성되어 있었다. 그것을 간과한 속 좁은 동정심이었을까. 숫자 계산에 능한 지식만으로는 결코 이해할 수 없는 고수들의 세상에 내가 들어와 있었다.

데면데면해진 표정을 숨기고 주인 손에서 놀던 잔돈을 얼른 계산해 주었다. 행여 말 한마디 무람없이 굴었는지 조심해 하며 그에게 고맙다는 말로 나의 부끄러움을 갈음했다.

온 세상에 배움이 두루 있다. 그러니 철없는 여행자의 갈 길은 아직 멀기만 하다. 다행히 남자의 얼굴엔 처음처럼 흰 이를 드러낸 건강한 미소가 번지고 있었다.

세상에서 가장 아름다운 환대

기연이가 사라졌다. 에너지 넘치는 녀석이다 보니 거침없이 질주한 것이다. 해가 이미 떨어진 상황이다. 기력이 다한 나는 하는 수 없이 중간에 들른 242번 도롯가의 이름 모를 마을에서 하룻밤 보내야 했다. 가로등 하나 없는 작은 마을에 역시나 웅성웅성 대는 소리가 들려왔다. 적응이 되어 두렵진 않았다. 그저 하룻밤 몸을 뉘일 공간이 필요했다. 말이 통하지 않았기에 최대한 조심해서 행동하려 애썼다. 텐트 칠 장소를 알아보다 마침 마을에서 유일하게 포르투갈어를 사용하는 젊은 친구를 만날 수 있었다.

"안녕하세요. 자전거 여행 중에 밤을 맞아서 하룻밤 자려고 합니다. 아무래도 마을 밖에선 짐승들도 있고, 행여 노상강도를 만나면 위험하지 싶어서요. 혹시 동네에 안전하게 텐트 칠만한 공간이 있을까요?"

"그러시군요. 우선 추장님께 보고 드린 뒤 알아보겠습니다."

아프리카 시골 마을에 들른 곳마다 보고 체계가 제법 확실히 잡혀 있는 것을 본다. 공동체 생활이 몸에 뱄으므로 어른들의 의견을 귀담아야 하기 때문이다. 마치 인민재판이라도 보는 것처럼 대부분의 마을 사람들이 몰려와 겹겹이 인의 장막을 치니 내심 움찔하긴 했다. 이윽고 한없이 자상하지만, 태도에는 위엄이 서린 추장이 다가왔다. 70대 정도 되어 보이는 노인은 무리에서 유일하게 의자에 앉아 나를 불렀다. 마을 남자들은 추장의 뒤쪽에 서서 경건하게 보좌했고, 아낙네들은 몇 걸음 떨어진 곳에서 다소곳이 지켜보고 있었다. 나는 추장에게 공손히 예를 갖추며 차분히 도움을 요청했다. 먼저는 배고픔에 관한 것이었다. 그러자 추장은 아낙네들을 불렀다. 추장을 중심으로 몇몇 여인들이 에워싸고, 그의 말을 경청했다. 잠시 뒤, 한 아낙네가 불을 지폈다.

식사가 준비되는 동안 이번엔 잠자리에 관한 어려움도 토로했다. 보아하니 이야기를 나누는 바로 이곳, 즉 추장의 집 앞마당이 안전도 보장되고 좋을 성 싶었다. 추장은 이번엔 남자들을 불렀다. 남자들 역시 추장을 중심으로 모여들었고, 잠시 대화가 이어진 뒤 의논한 내용을 하달했다.

"이보시게, 괜찮다면 여기 내 집에서 묵고 가시게나."

추장은 자리에서 일어나 불편한 노구를 이끌고 자신의 집의 문을 열어 안을 보여주었다. 안은 캄캄했다. 전기가 없는 데다가 창문마저 없으니 문을 열고 달빛을 받아야만 겨우 방의 형태를 파악할 수 있었다.

"마을에선 이 집이 가장 좋습니다. 바닥을 보시지요."

영문을 몰라 하던 내게 총무 격을 맡은 중년의 남자가 갑자기 몸을 숙이더니 설명을 이어갔다.

"추장님 집 바닥은 이렇게 동물 가죽으로 깔려 있습니다. 그래서 냉기를 막아줘요. 다른 집보다야 따뜻할 겁니다."

코끝이 찡했다. 텐트 치고 자도 된다. 하지만 이들은 내게 가장 좋은 잠자리를 제공해 주었다. 감사하다며 꾸벅 고개를 숙이자 추장이 잇몸을 드러내며 환하게 웃었다. 추장이 웃자 남자들과 여인들도 따라 웃었다. 그리고 아이들도 함께 웃었다. 간간이 박수도 터져 나왔다.

잠시 뒤, 추장은 나를 자리에 앉힌 뒤 아낙네를 불렀다. 여인은 두 손으로 사발을 들고 내게로 왔다. 그릇에 담긴 내용물을 본 순간 나는 정말이지 여태껏 느끼지 못한 깊은 감격에 휩싸였다. 쌀죽이었다. 다른 반찬은 없었다. 오로지 쌀죽이었다. 족히 3인분은 되어 보였다. 있을 수 없는 일이다. 이 산골에서 쌀이 얼마나 귀한데! 가난한 이들이 쌀을 먹는 경우는 그리 흔한 일이 아니다. 그런데 정말 그런데도 마을을 방문한 낯선 손님에게 아낌없이 베푼 것이다.

왈칵 울음이 터지려는 걸 간신히 참았다. 배는 몹시 고팠지만, 차마 입으로 넘길 수 없었다. 추장은 눈웃음을 지으며 어서 먹으라고 재촉했고, 백여 명의 사람들이 마당에 빙 둘러서서 나의 행동을 지켜보았다. 마침내 한 입 떠먹고 맛있다는 표정을 짓자 아낙네들이 손뼉을 치며 좋아했다. 아이들도 뭐가 그리 좋은지 킥킥대며 웃었다.

그래도 나는 안다. 녀석들 역시 배가 고프다는 걸, 이 쌀죽을 정말 먹고 싶어한다는 걸. 삼 분의 일 정도만 먹었다. 그리고선 내내 그릇에 시선을 던지며 긴

장하던 아이에게 건넸다. 아이의 얼굴은 달빛을 받아 영롱하게 빛이 났다. 아이는 어른들의 눈치가 두려웠나 보다. 쉬이 받을 생각을 하지 못했다. 추장에게 넌지시 눈빛으로 허락을 구한 뒤 아이에게 다시 건넸다. 아이는 소중한 보물을 쥔 것처럼 조심히 그릇을 받더니 마당 뒤편으로 사라졌다. 그리고 아이들 모두 그 아이를 쫓아갔다. 즐겁게 수런대는 소리가 들렸다. 한 입씩 나눠 먹었을 게다. 달콤했을 게다. 이상하게 배가 불렀다. 이상하게 행복한데 눈가가 뜨거워졌다.

마당에서 붉을 밝히던 불꽃이 사그라지고 사람들은 내일을 기약하며 흩어졌다. 나도 자리를 정리하고 추장이 안내해준 방으로 들어갔다. 고단한 몸을 뉘이니 또 행복한 하루에 대해 감사하게 된다. 멀리서 보면 그저 가난한 마을이지만 가까이 와 보니 웃음이 보이고, 사랑이 보였다. 사람들이 참 예쁜 마을이었다. 이 행복을 어찌 나만 감당하란 말인가. 어찌.

다음 날 아침 마을 사람들은 약속이나 한 것처럼 하나둘 추장 집 마당으로 모여들었다.

"자네를 배웅하기 위해서라네."

이 한 마디에 그만 눈물샘이 폭발했나 보다. 내 생애 꼭 기억할 사람들이었다. 언젠가 시련이 찾아오는 날, 도무지 불만을 삭일 수 없는 날, 나에게 이런 값진 감사가 있었음을 회상하면 차분히 끄덕거리며 다시 용기를 낼 수 있으리라. 나는 마을 사람들과 사진을 찍으며 한 명 한 명 인사를 건넸다. 아이들은 안아주었다. 자꾸 진정되지 않은 행복에 출발 시각을 훌쩍 넘겨 작별 인사를 수십 번은 건네고야 겨우 페달을 밟을 수 있었다.

점심이 다가올 무렵 멀리 실루엣이 보였다. 기연이었다. 녀석은 날 기다리는 중이었다.

"형, 어제 어떻게 보낸 거예요? 난 진짜 무서워서 혼났어요!"

"왜? 잘 자지 않았어?" "아니, 해 떨어져서 길옆에 텐트 쳤는데 사람들이 몰려와서 계속 나만 쳐다보고 있었어요!"

풋 웃음이 터진 나는 다시 황톳길에 바퀴 자국을 남기며 신 나게 달리기 시작했다. 세상 참, 아름답다고 연신 중얼거리면서.

멀리서 보면 그저 가난한 마을이지만
가까이 와 보니 웃음이 보이고, 사랑이 보였다.
사람들이 참 예쁜 마을이었다.
이 행복을 어찌 나만 감당하란 말인가. 어찌.

버스를 멈춰 세운 사람들

발라마Balama에서의 일이다. 지칠 대로 지친 나와 기연은 실로 오랜만에 맞는 문명으로의 귀환을 자축했다. 인도양에 접해 있는 해안도시 펨바Pemba까지는 아직 270km가 더 남았다. 그러나 그간 너무 고생했다. 중간에 트럭을 얻어 타고 목재 더미 위에 간신히 걸터앉아 오지 않았다면 고립될 위험까지 있었다. 문명 입성 기념으로 아이에게 삶은 달걀 두 개와 콜라를 구입했다. 아무 데나 철퍼덕 주저앉아 사람들을 구경하는 것은 퍽 재밌는 일이다. 사람들이 우리를 구경하는 건 더욱 재미난 일인가 보다. 분당 마주치는 시선만 계수해도 마치 연예인이 된 기분이다.

바깥에서 먹는 삶은 달걀은 어째서 이리도 맛있는 걸까? 잡다한 너스레를 떨

며 기연이랑 꿀맛 휴식을 만끽하고 있을 때였다. 하루에 몇 대 없다는 펨바로 가는 시외버스가 정류장 없는 정류소에 멈췄다.

"우리도 저 차 타고 펨바 가면 얼마나 좋아? 5시간이면 갈 거리를 5일 걸려서 가야 하잖아."

"그러게 말이에요, 길도 안 좋은데. 천천히 가요, 형. 다 경험 아니겠어요?"

버스에 탄 승객들이 살짝 부러웠다. 하나 우리는 우리의 운명이 정해져 있다. 시원한 콜라의 목 넘김이 환상이다. 그래, 이 맛을 느끼기 위해 여기까지 달려왔다. 하릴없이 그저 펨바 가는 버스만 지켜봤다. 와중에 우리는 한 번 더 삶은 달걀 두 알과 콜라를 시켰고, 꽤 짭짤한 수입을 올리게 된 아이는 슬몃슬몃 입꼬리가 올라갔다.

달걀 껍데기를 까서 오물오물 씹으며 콜라를 마시는 중에 버스 차창을 사이에 두고선 상인들과 손님들의 거래가 한창 이어지고 있었다. 머리에 각종 음식을 가득 인 아낙네들은 하나라도 더 팔기 위해 애타게 손님들의 시선을 끌었다. 상대적으로 느긋한 손님들은 장거리 여행에 필요한 음식들을 구입하기 위해 팔을 뻗어 건네주는 음식들을 받아갔다. 대게는 볶음밥과 튀긴 생선, 고기, 삶은 달걀, 과일, 과자, 음료, 물 등으로 단출한 메뉴들이다. 익숙한 장면이라 그저 무덤덤하게 바라보고 있었다. 그때 우린 당혹스런 순간을 목격했다.

"어? 버스가 그냥 가버리네?"

갑자기 시동을 건 버스가 움직이기 시작했다. 사단이 일어났다. 버스가, 그냥 가버리는 것이었다. 영문을 모르는 상인들은 그 자리에 얼어붙었다가 당황한 나머지 맹렬하게 뒤쫓아 달리기 시작했다. 어떤 아낙네는 신발도 없었다. 그녀들은 쇳소리 나는 거친 고함을 질렀고, 그 소리는 처절하게 들려왔다. 울먹이는 건지, 화나 있는 건지 몹시 애타는 표정이 고스란히 드러났다. 어쩌면 그 푼돈이 아이의 교육비로 쓰이거나 노모의 약값으로 쓰이거나 그 날 그 가족의 한 끼 식사로 쓰이거나 다양한 이유로 집에 있는 가족들을 위해 꼭 필요한 금액인지 모른다. 그러니까 버스를 놓쳐서는 안 될 일이다.

"어떡하죠? 음식값 하나도 못 받게 생겼네요, 아휴."

사태를 주시하는 우리에게도 엄마들의 절박함이 고스란히 전해졌다. 안타까운 마음에 달걀 까먹는 것도 까먹었다. 왜인지 버스는 무심히 떠나버렸고, 미처 버스를 쫓아가지 못한 나이 든 아낙네들은 그저 발을 동동 굴릴 뿐이었다.

하지만 잠시 뒤, 불굴의 의지를 앞세운 여인들은 기어코 버스를 세우고야 말았다. 초반 속력에 비해 버스가 다행히 멀리 가진 않았던 것이다. 그제야 남아있던 상인들의 표정도 한결 밝아졌다.

"다행이다. 잘됐네. 이젠 돈을 받을 수 있게 됐네."

나 역시 마음을 놓으며 흐뭇한 미소를 지었다. 그런데 분위기가 이상하다 싶더니 반전이 일어났다. 나는 내 눈을 의심하지 않을 수 없었다. 아낙네들이 주섬주섬 주머니를 뒤지더니 도리어 승객들에게 돈을 건네주는 게 아닌가? 뒤이어 따라온 여인들도 창을 통해 하는 것은 바로 잔돈을 거슬러 주는 일이었다. 그러니까 그들이 그토록 애타게 버스를 불러 세운 것이, 맨발로 달리면서까지 버스를 쫓아간 것이 물건값을 받기 위함이 아닌 거스름돈을 주기 위해서였다!

마지막까지 계산을 마치고 삼삼오오 정류소로 돌아오던 아낙네들의 표정에는 환한 꽃이 피어 있었다. 뭐가 그리 즐거운지 가지런한 이를 드러내며 호호호 웃는 걸까? "글쎄 버스 놓쳤으면 하마터면 거스름돈 못 줄 뻔했다니깐! 승객이 얼마나 속상했겠어?"라는 말들을 하는 걸까? 구태여 버스를 세우기 위해 달려간

단언컨대, 아프리카에서 바라본 가장 아름다운 장면이었다.

LDA.

저 맨발이 의미하는 것은 무엇일까? 서너 살 먹은 여자아이는 그런 엄마의 모습이 낯설었나 보다. 아직 숨을 몰아쉬고 있는 엄마에게로 가 치마를 잡아당기며 팔을 벌렸다. 안아 달라는 투다.

아아, 나는 이 장면을 보고선 가슴에 가벼운 통증이 일어났다. 순박함의 극치를 보고 있었다. 잊어버리고 살아온 인간의 어떤 표현할 수 없는 존엄성을 마주한 기분이다. 이것이, 여기가 바로 아프리카란 말인가, 지난 며칠 동안 만난 친절과 배려의 반응들이 진정한 원색의 아프리카란 말인가, 하찮은 이익에도 탐욕에 눈이 멀어 양심을 쉽게 저버리는 나의 부끄러움은 도대체 어떡해야 한단 말인가, 따위를 연신 되뇌면서 채 가시지 않는 감동의 흥분을 마음껏 즐기고 있었다. 단언컨대, 아프리카에서 바라본 가장 아름다운 장면이었다.

시련은 끝난다, 모잠비크 로드

이건 미친 짓이다. 며칠이 지났을까? 가늠하기 쉽지 않다. 나는 시계가 없는 공간을 달려왔다. 시간도 모르지만, 길은 더더욱 모른다. 주위는 온통 산으로 둘러싸여 있다. 을씨년스러운 적막감만 흐른다. 휴, 텁텁하게 숨을 몰아쉰다. 침을 뱉으려고 보니 본드처럼 끈적하기만 하다. 머레크 병에 걸린 축 늘어진 병아리마냥 위태로움 앞에 무력하기만 하다. 마음을 잡고 풀렸던 동공에 힘을 줘 본다. 아지랑이가 눈앞에서 피어오른다. 진정하려 해도 도무지 산만하기 이를 데 없다.

이곳 원주민들은 촘촘한 시간을 관리하기보다 계절의 흐름을 타는 지혜를 가지고 산다. 그런 원주민을 만나기조차 쉽지 않다는 게 문제다. 간혹 숲길이나

황량한 고갯길에서 우연히 마주치긴 한다. 그때가 환희로 몸서리칠 때다. 그렇게 반가울 수가 없다. 피부가 다르고, 언어가 다르고, 문화가 다르지만 단지 같은 인간이란 동질감만으로도 차오르는 감격이 있다. 그들의 경험에 의지해 비교적 쉽게 위기를 탈출하기 때문이다. 시간은 잊어도 상관없다. 하지만 길을 잃으면 벼랑 끝에 몰린다. 난 극악의 환경에서도 벌레를 잘근잘근 씹어 먹으며 여유롭게 미소 지을 수 있는 베어 그릴스[Bear Grylls]가 아니다.

지금은 아무도 없다. 정성스레 비둘기 알을 요리해 주던, 옥수수 반죽을 삶아 주던, 야생 바나나와 파파야를 따주던, 개울에서 잡은 물고기를 튀겨주던, 자신의 집 앞마당에 기꺼이 텐트 치도록 허락하던, 영화 같은 우연으로 만나 객사[客死]의 위험에서 구해준 그들이 없다. 오롯이 헤쳐나가야 할 두려움의 길만이 있다. 나는 젖 먹던 힘을 쥐어짜 내며 산길을 따라가고 있다. 이 '병맛' 같은 상황을 욕할 힘도 없으므로 강제침묵으로 마음을 비워낸다.

도무지 정리된 길이 보이지 않는다. 음식이 또 떨어졌다. 불안하다. 지도를 펼쳐 본다. 아직 가야 할 길이 체감상 구만리[九萬里]다. 게다가 온통 모랫길이다. 어쩔 줄 몰라 눈물이 끓어오른다. 목덜미가 뜨거워진다. 다리가 풀린다. 뾰족한 묘책이 없다. 서러워해 봐야 어차피 내가 짊어지고 가야 할 십자가다. 다시 다듬어지지 않은 거친 오프로드를 헤쳐 간다. 오후 들어 자주 집중력이 흐트러진다. 그러다 그만 돌부리에 걸려 넘어진다. 우려했던 최악의 사고가 벌어졌다. 프론트랙[앞바퀴 짐받이]이 부러졌다. 분명 큰일인데도 무덤덤하다. 당장 먹고 자는 문제가 다른 불편함을 대수롭지 않게 덮어버린다. 자비를 모르는 폭염에 나는 끝내 탈진해 버렸다.

'지금 이곳이 명동 한복판이라 해도 난 드러누워 잘 수 있단 말이야!'

눈이 감긴다. 냉장고를 열자마자 살얼음 동동 띄운 식혜에 마음을 뺏긴다. 오른쪽엔 빠알간 타프타 드레스를 입은 콜라들이 요염한 자태로 열을 지어 유혹한다. 채소 칸엔 수박과 딸기가 지아비 맞는 홍조 띤 새색시처럼 단아하게 자리하고 있다. 딩동—. 시원한 콩국수도 배달된다. 이만하면 혹서를 이길 꽃놀이패다. 꿀꺽꿀꺽. 정신없이 '흡입'하고 TV 리모컨을 집어 든다. 소파에 누워 스포츠 채널로 화면을 돌린다. 야구 중계가 시작한다. 이런 소박한 기쁨, 위대한 하루. 아, 한국에서 누리던 일상의 사랑스러운 순간이 사무치게 그립다.

눈을 뜬다. 나무 그늘에서 깜빡 졸았나 보다. 한 걸음 떼자마자 푹푹 빠지는 뜨거운 모랫길과 열기에 또 화가 치밀어 오른다. 대지의 신열이 온몸을 덮친다. 비자발적 침묵피정의 임계점을 넘은 지 오래다. 내 안에 내가 없고 내 자아 속에 삿된 마음도 사라진다. 그것은 머리가 맑아지는 것이 아닌 생각이 없어지는 그런 오묘하게 불안한 느낌이다. 뒤늦게 드는 단 하나의 생각이 있다. 식혜고, 콜라고, 다른 채소들이고 모두 한낱 신기루에 지나지 않은 허상이라는 사실. 한 번 더 치밀어 오르는 화를 간신히 삭인다.

모험의 첫 번째 필수요소는 구제불능 낙천주의다. 덕분에 산지를 넘나들 때면 꽤 오랫동안 곡기를 끊어야 했다. 허기와의 싸움은 원주민 부락을 찾을 때까지 지속된다. 어쩌다 눈 둘, 귀 둘, 코 하나, 입 하나 있는 사람만 만나면 나는 무조건 신뢰부터 하고, 그에게 내 운명을 맡겨야 했다. 그렇게 하루하루 흘렀나 보다.

'이보다 더 굶어 죽기 좋은 길이 없군.'

저 멀리 어슴푸레 불빛이 보인다. 모심보아Mocimboa를 거쳐 드디어 팔마Palma 도착. 가슴이 두근거렸다. 마음 깊이 사모하는 이를 본 것도 아닌데 왜 애틋한

마음인지 모른다. 곧 사람을 만나고, 문명을 접하고, 조리된 음식을 먹는다. 그간의 스트레스로 응축된 분노를 식혀야 한다. 그 핑계로 콜라 1.5*l* 페트병을 구입해 콸콸콸콸 입 속으로 털어낸다. 콜라를 통해 그간 동아프리카 지구대에서 격하게 쌓인 감정을 증류하니 노여움과 절망은 검게 기화되고 순수한 환희와 감격만 투명하게 남는다.

며칠 동안 모잠비크 해안가에서 나는 노곤한 몸을 쉬며 다시 라이딩을 위한 최소한의 에너지를 충전했다. 팔마는 탄자니아 입성하기 전 실질적으로 마지막 모잠비크 마을이다. 이곳의 조그만 성당에서 나는 마르티나 수녀님의 따뜻한 배려로 행복과 입맞춤할 수 있었다. 대다수가 스와힐리어, 마꾸아[Makua] 및 마콘데[Makonde] 부족어 등 토착어를 쓰는 이곳에서 간단한 포르투갈어가 통하는 성당이야말로 적절한 안식처가 될 수 있었다. 다니면서 가장 신뢰할 만한 이들은 선한 눈망울의 토피[모슬렘 남자들이 쓰는 모자]를 착용한 사람들이지만, 마음을 나눌 수 있는 상대는 아무래도 대화가 가능한 수녀님들이다.

도착하던 날, 수도 마푸토[Maputo]에서 이곳 성당으로 그림 봉사를 온 대학생 미구엘이 물었다.

"문, 혹시 서쪽에서 여기까지 오다가 어려움은 없었어?"

"물론 있었지. 배고팠고, 잠도 제대로 못 잤어. 사람은 또 얼마나 그리웠는데. 말도 마, 정말 힘들었어. 끔찍했다고."

"아니, 그게 아니라……."

그는 가볍게 도리질했다. 자못 심각한 표정이다.

"왜?"

"실은 말야, 네가 넘어온 산엔 사자가 출몰하거든."

간단히 시장기를 면하라고 수녀님이 챙겨준 빵을 입으로 넣다 말았다. 악마의 크림이라 불리는 누텔라[Nutella] 초콜릿 잼을 바른 보드라운 빵이다. 누텔라는 설탕 마니아에겐 더없이 친근한 완전 소중한 아이템이다. 너무 달콤해 먹을수록 더 먹고 싶게 된다. 과일 잼에만 익숙했던 나에게 신세계를 경험하게 해 준 환상적인 마약이다. '딱 한 번만'이라는 약속을 절대 지키지 않는 중독의 미학이 있다. 나는 그 잼을 결 곱게 바른 빵을 물리고 수녀님께 사실을 확인했다.

"수녀님, 그게 정말인가요?"

"1년 전 한 아낙네가 집 밖에서 식사 준비를 하다 사자에게 습격을 당했지요. 마을이 난리가 났었어요. 게다가 주변에 코끼리도 많이 서식한답니다. 밤엔 특히 조심해야 돼요. 코끼리라면 밤마다 마을에서 얼마 떨어지지 않은 강 주변에서 쉽게 볼 수 있을 거예요. 하지만 혹 지근거리에서 볼 생각이라면 대단히 위험한 행동이란 걸 알아야 해요."

얼떨떨했다. 아프리카의 사자는 근처 니아사 국립공원에 다 들어가 있는 것이 아니었던가? 하지만 나는 볼 수 있었다. 현지 동아프리카 지도를 펼치자 내가 지나온 니아사 국립공원 주변에도 떡하니 사자 그림이 그려져 있는 것을. 더불어 코끼리와 하마, 레오파드[leopard]까지도. 맹수들의 서식지를 보자니 와일드도 이런 와일드한 길이 없다. 인근 지역이 국립공원이나 게임 리저브[game reserve]로 지정되어 있지만, 험한 산새에서 야생동물들을 일일이 제어하기엔 무리겠지 싶다.

살짝 몸서리가 쳐진다. 어쩌자고 그 길을 달려왔던 걸까? 짐짓 여유부리며 나머지 빵을 입으로 밀어 넣는다. 마르티나 수녀님이 홍차 티백을 꺼내 정성스레 물을 따라주었다. 모락모락 피는 뜨거운 김 뒤로 현명하지 못한 부끄러움을

가린다. 그 지역에 사자가 서식한다는 걸 알았다면 절대 지나지 않았으리라. 완전한 무모다. 몰라서 지나온 길, 천운이 함께했다. 미구엘은 내 얘기를 듣더니 깔깔거린다.

"가끔 너 같은 자전거 여행자들이 그 길을 지난다고 하더군. 몇 년 전에도 유럽 자전거 여행자들이 한 번 지나갔었거든. 아마 프랑스 팀이었나 싶어. 작년에는 네덜란드 커플도 지나갔었고. 그 친구들 보니 할 만해 보이던데. 여하튼 재밌는 친구들이야."

놀란 토끼 눈의 나를 보며 파안대소하는 그의 얘기에 나는 이상한 나라의 앨리스가 된 기분이었다. 아프리카 오지 중의 오지 모잠비크 북부에서의 지난 고생들이 주마등처럼 스쳤다. 그러나 이제 와 그게 고생인가 싶다. 새삼 지나온 모든 것들이 감사하다. 그렇다. 살아 있는 것만으로도 최고의 여행을 하고 있다. 모잠비크의 시련이 있었기에 어려움을 딛고 본격적인 탄자니아 자전거 여행을 시작할 수 있게 되었다. 그 길에서 한 가지 깨달은 것이 있다.

'모든 문에는 열쇠가 있기 마련이다Kila mlango na ufunguwo wake, 스와힐리 속담.'

어차피 이전 것은 다 지난 일이다. 보라, 새 길이 펼쳐진다. 이제 탄자니아로 간다. 미지의 그곳에서 내 마음의 키가 한 뼘은 더 자랄 이야기들이 있기를 바라본다. 선글라스로 한껏 멋을 낸 미구엘이 떠나는 나를 격려한다. 그러고는 수녀님 몰래 넌지시 제안한다.

"우리 이렇게 만난 것도 인연인데, 너를 언제나 기억하고 싶어. 문, 내가 너를 기억할 수 있도록 나에게 선물을 좀 주면 안 될까?"

후훗, 제법 괜찮은 핑계다. 나는 그에게 반팔 티 한 벌 건넸다. 마침 같은 디자인이 두 장 있었다. 미구엘 입이 귀에 걸린다. 그의 치아가 이렇게 고른지 여태 몰랐다. 그는 어떤 때보다 뜨겁게 나를 안아주었다. 감정에 몹시 솔직하다. 그래, 가벼워진 무게만큼 묵직한 감사로 채워지리라. 치열했던 모잠비크에서의 여로는 탄자니아로 가기 위한 하나의 관문일 뿐이었다. 나는 새로운 출발선에 서야 한다.

멀리 탄자니아와 모잠비크 사이의 국경을 대신하는 로부마 강Rovuma river이 보인다. 자전거로 가기에 빡빡하기 그지없다. 여전히 모랫길이다. 다른 점도 있다. 전에 없는 바람이 햇볕에 거칠어진 뺨을 간질인다. 다시 시작되는 모험에 대한 기대도 있다. 그래서 힘을 내어본다.

"네가 간직한 뜨거움은 무엇이냐?"

아프리카가 나에게 세차게 묻는다. 이 여행이 끝나면 지혜롭게 대답할 수 있는 내가 되길……. 질문에 대한 대답을 생각하고 있는 사이 로부마 강이 눈앞에 펼쳐졌다. 지금껏 나와 다름없는 생각을 하고 거친 여정을 이어 온 기연이는 태도만 보면 이미 열반의 경지에 도달해 있어 보였다. 분명 육체적인 한계를 경험했을 텐데 녀석은 힘들다는 말 대신 늘 눈을 감아 버렸다. 그리고는 어디서든 항상 깊은 잠에 빠졌다. 잘 자는 것도 복임을 새삼 깨닫는다.

"네가 간직한 뜨거움은 무엇이냐?"

뱃사공 소년 무사

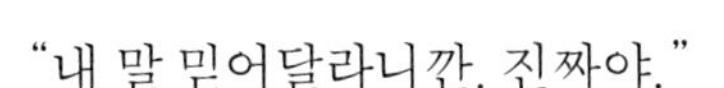

"내 말 믿어달라니깐. 진짜야."

"그럼, 지금 하마 볼 수 있는 거야?"

"그건……우기 때라 힘들어. 하지만 배 타고 30여 분만 나가면 볼 수 있지."

태도에 자신감이 넘친다. 여기가 아니면 감히 경험할 수 없다는 투다. 말 한 마디마다 프라이드가 묻어난다. 그들에겐 이곳이 절대적인 성지聖地렷다. 보아하니 하마 투어를 미끼로 협상할 기세다. 살짝 낚이는 척해본다. 그의 표정이 몹시 상기된다. 성긴 수염 사이로 감당하기 힘든 긴장감이 몰려오는 게 보인다.

심리술사가 아니래도 '오늘 잘하면 운수 좋은 날이 될지 몰라'라는 표정이 읽힌다. 역시나, 예상대로다. 터무니없는 가격이다. 나룻배를 타고 하마를 보는

두 시간 코스란다. 요금으로 자신들 주급에 해당하는 금액이 어설피 나온다. 외국인 상대로 한 몫 단단히 챙기려는 비즈니스를 하려니 적잖이 긴장했을 터다. 나는 고개를 갸웃거렸다. 내 심사를 살피던 호객하는 친구는 곧 발음이 굳어지고, 동공이 확대되었다. 조금 전 기개는 온데간데없다. 멋쩍은 청년의 눈망울은 합리적이지도, 거짓이지도 않은 이 상황을 감내하기 벅차다. 이내 힘없이 바닥을 응시한다.

'이봐, 빤히 보이는데 모른 척 속아달라는 거야? 소처럼 선한 눈과 바가지는 도무지 어울리지 않는단 말이지. 그렇게 애처로워 보이면 나도 마음이 무거워.'

녀석이 밉지 않다. 하루하루 그렇고 그런 고단한 상황을 타개해 보겠다는 태도가 나쁜 것은 아니다. 다만 뜬구름 잡듯 일을 하려니 수완이 떨어지는 게 아쉬울 뿐이다. 매우 순수하다. 정말 순수해서 투어 가이드 경험치가 없는 그들에게 외국인 여행자가 순순해질 리 없다. 눈 감고, 귀 막고, 속는 셈 치고 투어에 응하고 싶은데 그럴 형편이 되지 않는 내 상황도 야속하기만 하다.

로부마 강가 나루터의 한가로움은 경이적이다. 도착 20분 만에 20년을 살아온 이들의 따분함을 알아챌 것만 같다. 얼핏 주위를 헤아리니 열 명 남짓 청년들이 한가로운 자세로 시간을 잊고 있다. 대부분 뱃사공이거나 배에서 뭍으로 짐을 나르는 짐꾼들이다. 그래 봐야 겨우 10m 거리. 경사가 급해 무거운 물건을 들어주고 팁이라도 받자는 심산이다. 아무래도 내가 투어에 응하지 않을 것을 눈치챘는지 분위기가 가라앉는다. 더는 집요하게 제안하지도 않는다. 거절하니 바로 그 자리에서 체념한다. 미안해진다.

모래톱으로 여객용 나룻배가 들어왔다. 작은 파고에도 백척간두의 상태로 몰아넣을 만한 소형 규모다. 수영 공포증이 있는 엄살쟁이인 나의 안전은 물론

이 뱃사공에게 저당 잡힌다. 강을 건너는 단 하나의 방법이 생각 회로를 단순화 시킨다. 뱃삯에 대한 흥정은 필수불가결하다. 그러나 착한 심성 어디 가지 않는다. 배시시 웃더니 부풀려진 처음 요금에서 다시 원래 가격으로 회귀한다. 사실 외국인 기준 가격이긴 하다. 그래도 고맙다.

항해법은 간단하다. 동력도 닻도 없이 긴 막대 하나로 바닥을 지치고 가는 고전 방식이다. 가장 중요한 건 물골에 휩쓸리지 않는 것이다. 보송한 솜털이 이제 막 사라진 앳된 얼굴의 소년이 이번 항해의 뱃사공이다.

녀석의 이름은 무사. '물에서 건져냈다'란 뜻이란다. 모세의 스와힐리어 버전이다. 프리스타일의 다른 청년들과는 다른 성실함이 느껴진다. 배에서 그는 묵묵히 자신의 일을 수행했다. 그의 시선은 항상 먼 포구를 주시하며 이따금 방향키와 노 역할을 함께하는 장대에만 신경 쓸 뿐이었다.

작은 파문에도 내 심장은 출렁거린다. 소년은 바닥 여기저기를 찔러보며 방향을 설정했다. 비록 어리지만, 오래전부터 사람과 식량과 물건을 나르며 해오던 업이라 기술은 노련하다. 학교 다닐 기회가 애초에 차단된, 그래서 동네 다른 형들을 따라 이 일을 배울 수밖에 없는 숙명론적 삶을 살아왔다. 그러나 불만을 표출할 겨를이 없다. 땀으로 범벅된 한 푼에 가족 생계가, 눈물을 쏟으며 캐낸 한 푼에 동생들 양식이 걸려있다.

지금은 우기, 물길만 잘 알아두면 별 어려움 없이 강을 건널 수 있는 때다. 건기 때, 로부마 강을 건너는 방법은 좀 유별나다. 수량이 적기 때문에 모래톱에 배가 종종 걸린단다. 강 한가운데 깊이가 무릎이나 허리춤까지밖에 되지 않는 곳을 실수로 지날 때다. 그럴 땐 사공을 제외한 승객들이 물에 뛰어들어 배를 밀어야 한다. 가끔은 배를 밀고 난 다음 움푹 파인 바닥에 발이 닿지 않아 혼비백산

하는 경우도 있단다. 경험담을 나누던 남자는 대수롭지 않은 듯 뭐 그럴 수도 있다며 심드렁해한다.

"그러다 하마가 나타나면?"

"매우 위험하지. 그땐 다들 배에 오르려고 사력을 다해. 여기 사람들도 하마 무서운 줄은 알 거든."

"무서운 줄 알면서 그래? 그러다 죽으면?"

"재수 없으면 죽는 거지 뭐. 살고 죽는 거야 하늘의 뜻 아니겠어? 어차피 우린 먹고살려면 강을 건너야 하거든."

"맙소사, 꽤 위험하군. 근데, 오랫동안 강을 수없이 건넜을 텐데 수영을 못해?"

"응."

천진난만한 얼굴은 그것이 무슨 문제냔 듯이 대꾸한다. 촌철살인 응대여류應對如流가 꼭 신선 같은 모양이다. 도도하게 발록발록 거리는 콧방울이 귀여워 피식 웃음이 터진다. 모잠비크를 떠나 탄자니아로 오는 작은 나룻배에는 그런 시시콜콜한 수다들이 오고 간다.

배가 강 중간을 지나고 있었을까? 발이 차다. 무심코 밑을 본 나는 경악한다. 물이 새고 있다. 아프리카에선 이제 흔하디흔한 일이 됐다.

"세상에, 배에 물이 차고 있어. 어떡해!"

조악하게 건조된 낡은 배 옆면 작은 틈으로 물이 흘러들어오고 있다. 바닥은 벌써 10cm 정도 물이 차올랐다. 아무리 얕은 강이라도 행여 배가 뒤집혀 발이 바닥에 닿지 않으면 죽음에 대한 공포는 더욱 증폭된다. 물에서 허우적대는 건 정말이지 소름 돋는 일이다. 배가 서서히 기운다. 다급해진다. 외마디 비명을 지른다. 역시나 다들 시큰둥하다. 승객들은 날 보고 싱겁게 웃더니 엄살떨지 말라는 투다. 아니 지금, 배가 가라앉다 못해 기울고 있단 말이야, 왜 이리 다들 매정한 거냐고! 삐걱거리는 소리는 생상스의 「죽음의 무도Danse Macabre」가 되어 나를 혼돈의 세계에 빠지게 한다. 나는 그만 울상이 된다.

"거기 그릇으로 물이나 좀 퍼 주세요."

무사가 승객에게 부탁한다. 한 남자가 이런 일에 익숙하다는 듯 바가지로 물을 퍼 바깥에 쏟는다. 그러는 사이 무사는 어느새 배의 균형을 다시 잡는다. 배 안은 금방 평온을 되찾는다. 내 앞에 남자는 내게 '절대 배가 가라앉지 않을 것'이라며 안심시킨다. 간이 콩알만 해진 난 아프리카인들의 그 자신감을 도무지 이해할 수 없다. 얼빠진 기분이다. 휴, 십년감수 했다. 그들에겐 이런 내 모습이 여간 재밌는 게 아닌가 보다. '이 친구 왜 이렇게 겁이 많아?'하는 뉘앙스의 승객 하나가 던지는 농에 다들 박장대소다. 실다운 웃음보에 나도 마냥 따라 웃는다.

나무랑가Namuranga 나루터를 떠난 지 30여 분. 무사는 간단한 대답 이외에 말 수가 없다. 가끔 배를 움직이느라 혼잣말을 하지만 그마저 바람 속에 묻힌다. 거친 숨과 불끈 솟은 잔 근육이 노동의 강도를 가늠케 한다. 그의 노력이 서서히 결실을 맺는다. 탄자니아 국경 첫 마을인 키툰굴리Kitunguli로 가는 오프로드 길과 그 앞에 펼쳐진 모래톱이 선명하게 보이기 시작한다.

몇 척의 배가 정박해 있고, 이번엔 탄자니아 짐꾼들이 대기하고 있다. 바닥이 훤히 드러나는 곳까지 다다르자 대뇌피질에서부터 이젠 베토벤의 「환희의 송가」가 연주된다. 멜로디도 없는데 들리는 오묘한 마력이다.

무사는 누구보다 빨리 배에서 내려 다른 배에 줄을 엮어 정박시켰다. 그러고는 승객들의 짐을 함께 들어주었다. 제 할 일 다 마치고 마지막에야 비로소 남루

하고 까칠해진 손으로 약속된 뱃삯을 받는다. 응당 당연한 대가에도 공손히 받는 녀석, 조금 더 당당해지라고 말하고 싶다. 몇 마디 말이라도 나누고 싶었지만, 손님이 다 내리자 바로 로프 매듭을 풀어 뱃머리를 돌린다. 참 부지런한, 그보다 선한 모습의 소년, 무사는 그렇게 다시 못 볼지도 모를 여행자에게 잔잔한 여운을 남겼다. '아프니까 청춘이다'라는 흔한 말로는 감히 위로 되지 않을 진짜 녀석의 아픔을, 그런 아프리카 청년들을 마음으로 보듬어 주고 싶다.

이렇게 탄자니아 땅을 밟았다.

UNITED REPUBLI
OF TANZANIA

달빛 아프리카 06

탄자니아

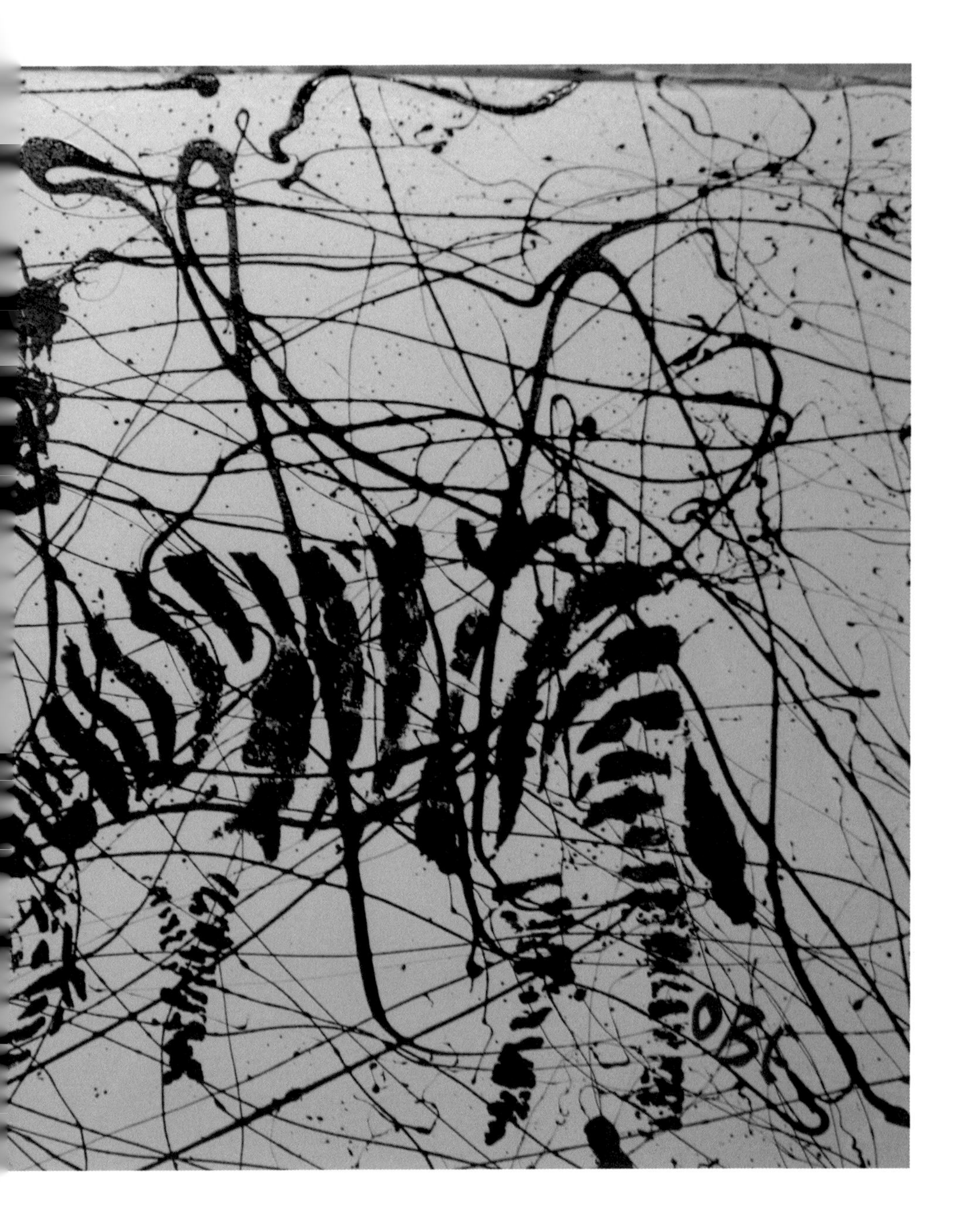

유쾌한 린디 가는 길

탄자니아 남부에 위치한 작은 도시 린디Lindi. 국경에 위치한 음트와라Mtwara에 이어 남부에서는 두 번째로 규모가 큰 도시다. 이곳으로 가기 전 아직 마콘데Makonde 부족의 조각 문화가 남아있는 작은 기념품 가게를 들르기로 했다. 화전농업과 사냥으로 생활을 영위하며 반투어 족을 쓰는 이들은 섬세한 칼놀림이 인상적인 나무 조각품이나 가면으로 유명하다. 특히 가면은 사냥에서 위장 수단으로 사용하다 점차 살상한 동물의 영혼을 위로하기 위한 신접물神接物로 발달하였다고 전해진다.

"조각 하나 만드는 데 얼마나 걸리나요?"

"크기에 따라 다르지요. 작은 공예품은 하루에 서너 개도 만들 수 있지만 한 달 가까이 섬세하게 작업하는 것도 있습니다."

"가격은요?"

"구입하려고 그러우? 조그만 건 3,000 탄자니아 실링부터 있수다."

칼을 갈고 다시 나무를 파는 장인은 묵묵히 자신의 임무에만 열중할 뿐이다. 판매상이 나서서 시큰둥하게 대답한다. 행색이 초라해 보이는 자전거 여행자가 과연 사겠냐는 투다. 대량 생산체제가 아닌 수작업으로 정성을 기울여 만드는 그들의 노고에 비하면 나에겐 저렴한 가격이다.

나는 곧 자유로운 붓놀림으로 화려한 곡선과 색감을 살린 팅가팅가tinga tinga 그림에 시선을 돌렸다. 팅가팅가는 탄자니아 잔지바르 섬에서 시작된 대표적인 화풍으로, 독학으로 미술을 공부해 1960년대부터 유럽 시장에서 인정받은 화가 에드워드 사이디 팅가팅가를 기념해 불리는 미술 기법이다. 이 그림은 아프리카의 원색과 문화, 사상을 혼합해 보여주는 절제된 화려함의 표상이라고 할 수 있다.

꽤 괜찮은 한 폭의 그림이나 조각품을 구입하려 해도 마땅히 담을 곳 없는 나그네의 자전거는 삐걱거리며 무겁게 신음한다. 행여 미술품이 짐이 될까 미리 앓는 듯하다. 팅가팅가는 그 고향인 잔지바르에서 더 보기로 했다. 마콘데 조각들을 조금 더 구경하는 것으로 이곳에서의 문화체험을 매조지했다.

린디로 가는 길은 한창 공사 중이었다. 수십 곳의 비탈길과 언덕을 깎아 도로를 내는 대규모 공사다. 벌써 몇 년째 부분 공사 중이란다. 남부 지역에서 수도 다르에스살람Dar es Salaam까지 동부 간선도로를 만드는 중이다. 이전까지는 남부에서 북부로 가기 위해 해로를 이용하기도 했다. 지금은 사정이 많이 나아졌다지만 여전히 길이 험하다. 사륜구동이 아닌 이상 엔진이나 차체 고장은 감수해

야 한다.

자욱한 먼지 바람이 시계視界를 가린다. 길을 통제하던 경찰관은 눈썹을 치켜들고 내 동태를 살폈다.

"어디 가슈?"

"린디를 거쳐 다르에스살람이요."

"안 돼요. 난 허락할 수 없습니다."

"왜죠?"

"이렇게 여기저기 공사 중이라 길이 너무 나빠요. 언덕을 수십 개는 넘어야 합니다. 시간도 오래 걸릴뿐더러 중간에 마을도 없어요. 더욱 위험한 건 날이 어둑해지면 강도를 만날 공산이 커요. 워낙 가난하기 때문에 자전거로 지나가다간 무조건 봉변당할 겁니다. 거기 빈민촌엔 경찰도 없으니까요. 그래도 지나갈 겁니까? 차라리 차를 잡아타고 가세요. 내가 도와줄 테니. 자전거로는 도저히 무립니다, 무리예요."

경찰은 고개와 양손을 동시에 가로저으며 그냥 보내지 않겠단 제스처를 취했다. 이 정도로 강하게 나오면 나로서도 다른 방도가 없다. 현지인의 진지한 조언은 허투루 들을 게 아니다. 이내 수긍하며 차량 한 대를 수배했다. 다행히 린디로 가는 소형 트럭이 있단다. 단, 비공식 요금을 지불하기로 했다.

린디에 가려는 현지인들로 빽빽하게 찬 짐칸에는 공간이 없었다. 자전거를 차 벽에 단단히 고정시켜 묶었다. 그리고는 겨우 두 발 비집고 들어갈 공간을 얻어 내내 서서 가야 했다. 불평할 필요는 없었다. 아이들과 여자들을 위해 기꺼이 불편을 감수하는 남자들은 모두 짐칸에서 일어선 채로 짐을 부리기 위해 만든 지지대를 잡으며 아슬아슬 곡예를 만끽했다. 머리로 배우지 않아도 몸으로 체

"인샬라."

득된 그들의 태도에 작은 감동이 밀려온다.

난감하다. 날은 어둑해지는데 차는 자주 멈춰 섰다. 엔진이 퍼졌다. 급경사가 태반인 비포장 길을 헤쳐나가기엔 차량이 노후한 데다 적재량을 훌쩍 넘긴 무게를 감당하지 못했다. 초조해지는 나와는 달리 모두 태평이다. 때 되면 다시 간다는 듯 통달한 표정들이다. 수리하는 틈을 이용해 급한 볼일을 보는 이도 있다.

이때 한 상인이 트럭 앞으로 다가왔다. 배시시 미소를 짓는 표정의 그는 코코넛을 가져왔다. 즉석에서 껍질을 벗겨주며 흥정을 시도했다. 뒤이어 왼쪽 어깨에 구운 옥수수가 가득 든 청년도 트럭으로 다가왔다. 차량 고장으로 웅성대던 분위기가 갑자기 활력을 찾기 시작했다.

"코코넛 하나 주시오. 아니, 하나 더!"

한 남자가 코코넛을 하나 시키더니 하나 더 주문했다. 그리고 날 보며 씩 웃더니 코코넛을 건넸다. 부족어의 몰이해로 말이 통하진 않지만, 나보고 하나 들라는 자세다. 코코넛 과육의 달콤함에 감탄하자 짐칸의 승객들은 나를 보며 박장대소를 한다. 그 속에서 나를 위한 단 한 마디가 선명하게 들렸다.

"인샬라."

무엇 때문에 이들은 아무 조건 없이 나에게 선행을 베푸는 걸까. 가난하지만 마음만은 넉넉한 그들의 순수한 배려가 고맙다. 신기하게도 영원히 멈출 것만 같았던 차는 용케도 다시 시동 소리를 내기 시작했다. 기다림을 즐길 줄 아는 '폴레폴레[천천히]'를 이렇게 스위트하게 마주했다.

콘돔의 변신은 유죄

아프리카 길 위의 이야기들을 끌어 모을 만한 도구 중엔 이방인의 자전거만 한 게 없다. 고즈넉한 시골 풍경에 젖어 느리게 달리다 보면 어느새 화제의 중심에 서게 된다. 사람들은 시신경을 곤두세우고는 낯선 방문객을 면밀히 관찰한다. 위협을 느끼는 아이는 놀라서 엄마 뒤로 숨고, 한껏 여유로움을 부리는 할아버지는 멋들어지게 손을 올려 인사한다. 그 와중에 인연이 닿으면 얘기를 섞고, 마음을 섞고, 사람을 사랑하는 향기를 머금은 추억이 꽃을 피운다.

잠시 그늘 아래 쉬어갈 요량이었다. 자전거를 나무에 기대 세우고 풀썩 주저앉았다. 곧 수십 개의 호기심 어린 눈들이 한 발씩 접근해 둥그렇게 원을 만들고는 나를 주시했다. 졸지에 감상체가 된 난 무덤덤하게 한 모금의 물을 들이켰다.

구경꾼의 대부분인 아이들은 집에 갈 일도 잊어버린 채 그대로 서서 오래도록 나의 휴식을 감상했다.

그때였다. 누군가 갑자기 문을 열었다. 쉬고 있던 나무를 등 진 윗집에서였다. 바지를 주섬주섬 챙기던 어느 중년의 남자는 뭔가 의기양양한 태도로 고함을 질렀다. 그리고는 하늘로 풍선 조각을 던졌다. 나에게 집중되던 시선들이 일제히 풍선으로 쏠렸다. 불안정한 기류를 타던 풍선은 풀 위로 힘없이 떨어졌다. 몇몇이서 치열한 쟁투를 벌였고, 전리품을 챙긴 아이 주변으론 부러운 눈빛의 다른 녀석들이 무리 지어 모여들었다.

기세등등한 아이는 풍선을 입에 대고는 바람을 넣기 시작했다. 난 곧 대경실색하고 말았다. 어딘지 모르게 모양이 서툴렀던 그 빛바랜 노란 풍선은, 맙소사, 콘돔이었다. 더욱 믿기 힘들었던 장면은 그 콘돔에 다량의 정액이 묻어있었다는 사실이다. 조금 전 그 남자가 썼던 모양이다. 아이는 미끌미끌한 정액을 위생상태를 논하기도 부끄러운 자신의 옷으로 닦으며 입을 대고선 힘껏 바람을 넣었다.

"안 돼!"

내가 흥분하자 아이는 순간 놀란 표정을 지었다. 그 순간에도 이런 아픈 현실을 알려야겠다는 생각으로 급히 사진을 찍고 나서 바로 콘돔을 비스킷 한 봉지와 바꾸자고 제안했다. 아이로서는 마다할 이유가 없었다. 녀석은 과자 하나에 세상을 다 얻은 표정이었다.

"콘돔이야말로 아이들이 쉽게 즐기는 놀이도구입니다. 마치 풍선과 같아서 공기를 주입하면 부피가 커지고 외관에 비닐을 여러 겹 씌우고, 그 외의 재료들을 덧입혀 줄로 꽁꽁 감싸주면 탄력 좋은 공이 되기 때문이죠."

콘돔의 변신에 대해서는 이미 남아공과 모잠비크의 봉사활동가들로부터 들었던 터다. 가난한 곳의 아이들도 즐겁게 놀 권리가 있다. 무엇을 가지고, 어떻게 놀아야 할지도 이곳 아이들에겐 중요한 사안이다. 하지만 HIV 바이러스 발병률이 전 세계 최고를 자랑하는 난제의 땅에서 가장 기본적인 교육조차 제대로 이뤄지지 않고 있음에, 나는 상식이 부서지고 마음이 무너지는 경험을 해야 했다.

그 남자는 어디선가 얼핏 들었을 콘돔 사용법에 대한 인식을 가진 것에 만족했을 수도 있다. 하나 사후조치에 대해서는 무지했다. 공기 중에 노출되는 HIV 바이러스는 비교적 짧은 시간 안에 사멸된다. 만약 정액이 아직 수분을 유지하고 있다면 얘기는 달라진다. 조그만 방심과 부주의로 한 생명이 허무하게 감염될 가능성이 존재함은 몹시 안타까운 일이다. 답답함에 속상해진 나는 콘돔을 솟아오른 돌부리에 던져놓고는 발로 비벼 찢었다. 내 행동을 주시하고 있던 수많은 눈동자들을 보았다. 나는 큰 동작을 그리며 콘돔을 입으로 불지 말라 절박하게 표현했다. 그런데도 이방인이 마냥 신기한 듯 천진난만하게 웃고 있는 아이들의 모습을 보니 깊은 좌절감이 몰려왔다.

도무지 맘 편히 발걸음이 떨어지지 않았다. 어떻게 해야 이들에게 안전한 사랑을 나눌 수 있게 권면하고, 콘돔의 올바른 사용을 제안할 수 있을까후에 콘돔뿐만 아니라 의약품들도 오용하고 있음을 여러 차례 목격했다? 무거운 맘에 예정보다 더 오래 주저앉아 쉬었다. 혼자서는 감당할 수 없는 이 거대한 무력함에 한숨만 푹푹 나올 뿐이었다. 다시 떠나기를 종용한 것은 나에게 흥미를 잃은 아이들이 하나둘 서서히 흩어지면서였다.

미소가 어울리는 오렌지족 청년들

탄자니아 남부와 중부의 가교 역할을 하는 낭구루꾸루Nangurukuru. 지리적으로 수도와 남부 지역 중간에 있어 장거리 차량들이 하룻밤 묵는 곳이다. 근방에 위치한 해양 휴양지 킬와kilwa로 가기 위해 꼭 들러야 하는 곳이기도 하다. 무료한 라이딩으로 오후에 도착한, 도로가 교차하는 사거리 검문소에서 경찰들과 잡담하며 도로 정보를 얻고 있었다.

"오렌지 한 알 먹어볼 텐가? 맛이 아주 기가 막히거든."

"괜찮습니다. 다만 콜라 한 캔 마시면 갈증이 풀릴 거 같군요."

자신을 책임자라고 소개한 모하메드는 은근히 집요했다. 내게 꼭 여기서 생산된 오렌지를 먹이고야 말겠다는 심산 같았다. 그는 근처 리어카에 오렌지를 가득 실어 판매하는 청년들을 불렀다. 그리고는 동전 한 닢 던져주며 오렌지를 부탁했다. 청년은 히죽거리며 능숙한 칼질로 쉽게 베어 물 수 있게 껍질을 벗겨 건네주었다. 맛은 좋았다. 시지 않고 달콤했다. 모하메드는 경찰 정복을 고쳐 입더니 '거 보라니깐! 어때, 내 말 맞지?' 하는 장난스러운 눈빛을 보낸다.

먹고 남은 껍질은 죄책감 없이 그냥 도로에 버렸다. 경찰이 앞서서 던지니 너도나도 거리낌 없이 음식 쓰레기를 투척한다. 마땅한 이유가 있다. 곧 가축들이 다가와 그 껍질을 낚아채 갔다. 먹을 것이 풍성하지 못한 이곳에서 오렌지 껍질은 가축들의 긴요한 사료다.

잠시 쉬는 중에 방금 오렌지를 팔았던 청년이 나를 불렀다. 새색시마냥 쑥스러운 표정이 얼굴에 가득하다. 그가 슬며시 오렌지를 건넸다. 하나 더 먹으라는 것이다. 뜻밖의 호의에 고맙다는 말을 건네며 달콤한 오렌지 한 알 더 먹는 횡재를 누렸다. 하지만 하루 벌어 하루 먹고 사는 이들의 오렌지를 넙죽 받아먹기가 미안했다. 주머니를 뒤져 동전을 꺼냈다. 그러자 청년은 손을 내저으며 됐다고 한다. 혹시 그의 따뜻한 호의를 무시하는 것으로 오해할까 봐 그대로 두기로 했다. 곧 재미있는 장면이 연출됐다.

뭐가 그리 신 나는지 또 다른 오렌지 파는 젊은 상인이 내게 다가왔다. 모시라고 했다. 그리고는 맛보라며 오렌지를 하나 건네주었다.

"방금은 하미시 친구가 줬지만, 이건 내가 주는 겁니다. 아마 내 것이 더 맛있을 거예요. 갈증 날 텐데 하나 더 먹어요. 자요, 어서요."

"야, 무슨 소리야? 내 것이 더 맛있지. 안 그래요? 분명 내 것이 나을 거예요. 비교해 보세요!"

오렌지를 파는 두 청년이 티격태격한다. 그러면서 눈이 부실 정도로 티 없이

맑게 웃는다. 불알친구 사이란다. 그러고 보니 다들 상점에서 과일을 파는 데 비해 두 친구는 리어카로 오직 오렌지만 팔고 있었다.

"돈이 충분치 않아 아직은 가게를 낼 수 없어요. 오렌지를 많이 팔다 보면 언젠간 제 가게를 가질 수 있을 거예요."

"아직 다른 꿈을 생각할 겨를이 없어요. 오렌지부터 열심히 팔고 봐야죠."

오렌지 하나 팔기 쉽지 않다. 나와 담소를 나누는 동안 몇 명의 손님이 오렌지를 샀지만 대부분 낱개 구입이었다. 그러고도 그들은 여행자에게 친절을 베풀었다. 거칠고, 무서울 것 같은 낯선 길에서 이루 말할 수 없는 소박한 기쁨에 젖어 잠시 가슴이 따뜻해졌다.

하미시와 모시는 자신들의 영역에 들어온 낯선 여행자와 더 친해지고 싶어 했지만, 모하메드가 있어 절제하는 눈치였다. 리어카 청년들과의 작은 에피소드가 있고 난 뒤 날은 또 어두워졌다. 모하메드는 근처에 텐트를 치려는 내게 많은 사람이 오고 가는 곳이라 위험하다며 안전하고 저렴한 마을 숙소까지 직접 안내해 주었다. 그리고는 밤엔 가급적 밖에 나오지 마라며 조언해 주었다.

청각장애인도 듣고, 시각장애인도 볼 수 있다는 작은 친절 앞에 모든 긴장이 풀린 날이다. 현지인의 선한 마음이 여행을 하는데 청량제 역할을 함은 분명하다. 그들에게는 더 큰 행복이 찾아오리라, 아니 찾아와야 한다. 탄자니아를 여행하면서 어떻게 이 감사에 보답할 수 있을까? 마음을 나눌 방법을 모색해 보기로 했다.

다음 날 새벽, 다시 길 위로 나왔을 땐 두 청년의 모습은 보이지 않았다. 오렌지 한 봉지 가득 사고자 했는데. 리어카에 수북한 오렌지를 몇 번을 비워내야 가게를 마련할 수 있을는지 알 순 없다. 다만 그들의 작은 기원이 땀과 맞물려 정직한 형통이 있길 바라며 자리를 떠났다.

거칠고, 무서울 것 같은 낯선 길에서

이루 말할 수 없는 소박한 기쁨에 젖어 잠시 가슴이 따뜻해졌다.

UPENDO
DAR - NAIROBI
DAR-MOMBASA
DAR-KAMPALA
DAR-MALAWI
DAR-LUSAKA

NEW YORK

그 노인은 어디로 갔을까?

케냐에서 아웃해야 하는 기연이가 먼저 떠났다. 고생을 자처하며 짐바브웨서부터 달려와 각색하지 않은 열정을 쏟아내던 게 바로 엊그제까지였다. 모나지 않은 성격대로 묵묵히 봉사활동까지 한 녀석의 빈자리가 조금 신경 쓰였다. 혼자 남은 난 아프리카 5대 도시에 꼽히는 메트로폴리탄 다르에스살람Dar es Salaam에서 계획도 없이 표류했다. 태양도 뜨거웠고 먼지도 많았다. 수백 명이 내 곁을 스쳐 가지만, 맘 편히 말을 걸 사람이 없었다. 잠시 될 대로 되라는 심정으로 방황했다.

이곳에 오기 전까진 어느 곳을 가든 친근한 말투로 '뽈레뽈레pole pole, 천천히'를 들을 수 있었다. 민족성과 문화를 가장 잘 대변해 주는 친근한 스와힐리어다. 하지만 이 도시에서 들려오는 건 조바심 난 차들의 성난 클랙슨 소리들과 잔뜩 날이 선 '하라카 하라카haraka haraka, 빨리빨리'다. 도로는 숨 쉴 틈 없이 차량들로 꽉 채워졌고, 길거리에는 시장 바닥을 방불케 하며 인산인해다. 과묵하고 어두운 낯빛들이다.

"이봐요, 조심하세요. 한눈파는 순간 당신을 노리는 강도들에게 당합니다."

도심에 진입하면서 분위기를 파악하는 동안 긴장을 늦출 수 없었다. 전혀 아프리카답지 않은 화려한 대도시의 형태가 그랬고, 낯선 이들이 건조한 말투로 연신 주의를 주는 것이 또한 그랬다. 특히 도심에서 가장 번화한 카리아코Kariakoo 시장은 특유의 번잡함 때문에 범죄의 온상으로도 잘 알려져 있다. 주변을 끊임없이 체크해야했다.

마침 옷이 없어 시장에서 구입하기로 했다. 자전거를 밀고 다니기에도 퍽 좁아 보였다. 하지만 이 길의 인파를 홍해 가르듯 가르는 차들의 끼어들기에 혀를 내두를 지경이었다. 한창 여기저기 걸려있는 옷을 보며 쇼핑을 하던 중에 일어난 일이다. 사람들이 웅성웅성 대는 쪽으로 고개를 돌려보니 소란이 난 것 같았다. 넌지시 발걸음을 옮겨보았다. 너른 사거리에서 경찰과 상인 간에 실랑이가 벌어졌다. 잠시 지켜보니 이건 일방적인 싸움이었다.

우락부락한 인상과 거대한 체구의 경찰에 비해 상인은 매우 왜소한 체격이었다. 또 아버지뻘 될 만큼 나이도 들어 보였다. 그런 상인의 멱살이 잡혀 있었다. 주걱이나 행주 등 간소한 살림도구들을 조악한 리어카 위에 겨우 몇십 점 진열해 놓고 파는, 누가 봐도 사정이 안타까운 생계형 노점상 주인이었다. 경찰은 리어카에 있는 물건들을 땅바닥에 모두 던져버렸다.

나를 분노케 한 건 경찰의 행태였다. 그는 노인의 멱살을 쥐고 흔들었다. 그리고는 매섭게 노인을 밀어젖히며 우악스런 괴성을 질렀다. 노인은 아무런 저

항도 하지 못했다. 늙은 상인은 훌쩍거렸다. 떨리는 목소리로 억울함을 호소했지만, 우물우물 답답할 정도로 발음이 불분명했다. 수십 명이 지켜보고 있었으나 험악한 분위기 속에서 누구도 도와줄 만한 용기를 내지 못했다. 경찰에게 밉보일까 염려하기 때문일 것이다.

행여 불법이라 해도 지나친 처사란 생각을 지울 수 없었다. 노인에 대한 지나친 압제는 제쳐 두고서라도 과일이나 옷가지, 각종 전기 제품을 파는 다른 노점상들에는 제재가 전혀 없었기 때문이다. 노인은 과연 어떤 잘못을 했기에 이렇게도 모진 수모를 당해야 할까? 혼잡한 거리는 더욱 혼란스러워졌다.

아……. 잠시 뒤 안타까운 장면을 보게 됐다. 노인이 어수룩이 말을 하는 데는 이유가 있었다. 듣지 못했던 거다. 그는 사람들과 눈을 맞추며 말 그대로 눈치껏 행동했다. 듣지도, 말하지도 못하는 그의 핸디캡과 경찰의 태도에 여행자는 그저 말없이 입술을 깨물 뿐이다. 분하다는 말로는 온전히 표현할 수 없는, 모멸감과 수치심이 전해졌다. 폭염이 더해지고 맨정신으론 도무지 짜증을 견뎌내기 힘들었던 나는 콜라를 찾아 자리를 옮겼다.

목을 축이고, 간신히 이성을 찾고, 시장을 한 바퀴 돌아 깔끔한 반팔티와 바지까지 구입하고선 다시 그 자리로 돌아왔을 땐 누구도 조금 전의 일에 대해 언급하는 이 없이 번잡한 그대로의 분위기가 형성되어 있었다. 요란했던 그 자리는 말 없는 슬픈 흔적만 남긴 채 비어 있었다. 그는 어디로 갔을까? 또 가족들에겐 뭐라고 말을 할까? 힘없고 약한 자들이 마음 다치지 않고 살아갈 만한 곳은 어디일까? 혼자만 공허해진 이곳의 분위기가 어지럽단 핑계로 나는 시장을 빠져나왔다. 그 상황에서 그저 빈껍데기뿐인 방관자로 남았다는 미안한 부담 때문에.

요란했던 그 자리는
말없는 슬픈 흔적만 남긴 채
비어 있었다.

아프리카의 낙원, 잔지바르 섬

Mchague
MAALIM SEIF

5일 동안, 내가 무엇을 했는지 기억나지 않는다.
어렴풋이 낙원에 머물러 있었다는 꿈을 꾼 것만 같다.

도라와 사사의 공정 여행

결 곱게 정리된 백사장, 지친 나는 해변에 풀썩 주저앉았다. 다르에스살람을 마주하고 있는 키페페오Kipepeo 해변엔 더위를 잊으려는 서양 여행자들로 북적였다. 원주민과 가장 가까이에 있으면서도 정작 자신들은 이용할 수 없는 아이러니가 서린 곳이다. 가난하다고 해서 왜 해변을 이용하지 못할까.

호텔이 들어서면서 조망권을 소유하며 현지인이 자신들의 터전에서 자연을 마음껏 누릴 권리까지 앗아가 버렸다. 어린 시절 친구들과 바다에서 신 나게 멱을 감았을 마을 사람들은 이제 해변 안에서 잡상인이 되어 눈치 보며 조악한 기념품을 팔거나 혹은 해변을 겉돌면서 추억으로만 마음의 고향을 만날 수 있다.

이곳엔 또 의미 있는 발걸음을 한 두 친구가 있다. 2년 동안 탄자니아 봉사활

동을 온 도라와 사사. 둘은 자신들의 기관과 연계된 고아원 아이들을 데리고 이 해변을 찾았다. 외로움과 소외감으로 위축된 아이들과 시간을 같이 보낸다는 건 그리 어려운 일만은 아니다. 깔깔거리며 게임을 하고, 더우면 수영을 하고, 갈증 나면 시원한 콜라 한 잔 들이켤 수 있는 지금, 이곳이 지상낙원이다.

물론 아이들을 데리고 할 수 있는 비싼 다른 투어 프로그램도 많다. 하지만 현지인과 어울리면서 현지인에게 유익을 끼칠 수 있는 공정 여행을 택했다. 여행자가 조금 더 손해 보더라도 자연을 보호하고, 현지인의 경제 이득에 직접적으로 이바지할 수 있다면 그보다 좋은 여행 방법이 없기 때문이다. 해서 주도적으로 일을 추진한 도라는 입장료를 받지 않는 목요일을 골라 아이들에게 바다를 구경시켜준 것이다. 물론 대절한 버스도 전문 투어회사가 아닌 현지인 소유의 버스로 계약을 했다.

키페페오에서 고아원 아이들과 어울린 시간은 분명 의미 있었고 즐거웠다. 나는 한 번 더 이것과는 성격이 다른 한적한 곳에서 느긋한 휴식을 보내길 원했다. 그런 면에서 수도 다르Dar로부터 차로 6시간 떨어진 탕가Tanga 지역은 아무도 몰래 나만 기억하고 싶은 잔잔한 매력이 있는 곳이다.

사사의 초대로 도라와 함께 셋이서 오게 되었다. 사사가 혼자 여행하면서 알게 된 단출하고 평화로운 곳, 통고니Tongoni 해변. 지난 기억을 더듬어 사사는 숲속 길을 거닐었고, 마침내 대서양이 보이는 작은 마을에 도착했을 땐 마을 남자들은 그녀를 알아보며 순박한 웃음을 지었다.

"작은 다우선 한 척 빌릴 거예요. 두어 시간 항해를 나가는데 바닷바람을 쐬는 것이 꽤 낭만적일 거예요."

이 지역으로 오는 여행자는 매우 드물다. 외진 곳인 데다 여행을 위한 제반 시설이 전무하기 때문이다. 선주에게는 약간의 사례비를 쥐여주기로 했다. 기름값 대신 닻으로 가는 배에는 노동력이 필요하다. 거기에 합당한 대가를 지불하는 것이다. 그래야 세상에서 가장 고요하고 평화로운 항해를 즐기는 데 감사한 권리가 주어진다고 본다. 남자도 고기를 잡지 않아 배를 놀리는 입장에선 뜻밖의 제의가 고맙기만 하다. 시골의 순수함이 있기에 까탈 부리며 흥정하려 들지 않는 점도 고무적이다.

3달러다. 더 많은 수고료를 쥐어주지 않음은 사람 사이의 정을 물건 거래하듯 딱딱하게 만들고 싶지 않았던 마음이고, 행여 있을지 모를 다음 손님을 배려하기 위함이다. 이런 경우가 없어 선례를 잘 남겨야 했다. 그렇더라도 이들은 두 시간의 수고로 하루 일당을 벌게 된다. 정형화된 형식을 탈피해 의외성이 가미된 소소한 즐거움을 주는 현지인과의 즉흥적 소통은 여행 본연의 즐거움을 찾게 해 준다.

두말하면 입 아픈 뱃놀이다. 세상에서 가장 평화로운 항해다. 한참을 나갔는데도 바다 깊이가 어른 키만 하다. 바람이 이끄는 대로 사공이 이끄는 대로 그저 맡기고 고마워하기만 하면 되는 것이었다. 매사에 사려 깊은 사사와 활달한 도라의 조합은 퍽 재미있었다. 둘의 공통점은 아프리카를 사랑한다는 것, 현지인들에게 인격적 대우를 해준다는 것이다. 맘에 들었다. 배우고 싶었다. 그것이 둘과 함께 여행을 떠나게 된 배경이다.

탕가로 돌아왔다. 사사가 봉사하는 곳이다. 토요일, 그녀와 함께 빈민촌 아이들에게 가기로 했다. 일주일 내내 봉사에 시달렸을 그녀는 자신의 황금 같은 휴식을 또한 의미 있게 쓰고자 했다. 본인 일도 바쁜데 남는 시간에 아이들을 돕고 있단다. 한 가옥에 무려 다섯 가정이 살고 있는 곳이었다. 방 하나에 한 가족

이 살고 있는 셈이었다. 그녀는 익숙하게 사람들과 어울리기 시작했다. 일주일간 어떻게 살았는지, 어떤 어려움이 있는지 이야기 들어주는 것만으로도 이들에겐 위로가 된다. 그녀는 단순히 후원하는 차원을 넘어서고자 했다. 그래서 실질적으로 필요한 것들을 도와주기 시작했다.

아이들은 책을 좋아한다. 책을 읽기 위해서는 도서관 출입증이 필요하다. 그러나 빈민가 아이들이 도서관 문턱을 넘기에는 절차가 간단치 않다. 이 문제를 사사가 해결해 주고 있었다. 소위 명문대를 졸업했으나, 공부한 것을 토대로 사회가 정해놓은 매뉴얼을 따라 진로를 결정하기보단 더 건강한 자연 속의 삶을 꿈꾸는 숙녀였다. 스스로 뜻한 바가 있어 아프리카 봉사 현장에 뛰어든 그녀는 어려운 아이들을 직접 찾아 가정 방문에서부터 학습 도우미까지 다양한 역할을 감당하고 있었다.

내가 동행한 날은 마침 그간 준비한 서류가 통과되어 첫 도서관 출입증이 발급되던 날이었다. 아프리카 아이들이라고 다른 게 있을까? 녀석들은 가장 먼저 만화로 그려진 책들에 흠뻑 매료되었다. 학습만화에도 그저 신기한 채 새하얀 덧니를 드러내며 싱글벙글한다. 밖에서는 늘 장난만 치던 아이들이 어느 순간 뚫어지게 책을 쳐다보며 집중하는 모습이 여간 대견하지 않다. 아이들의 미소는 어른들을 움직이게 만드는 힘이 있다. 도서관에서 나와서는 해변을 다니면서 즐거운 시간을 함께 가졌다. 표정을 보니 잠시나마 외출을 통해 남루한 현실을 잊은 듯 보인다. 조그만 마음이라도 진심이 전달되었다면 감사한 일이다.

늦은 오후, 사사는 일주일 만에 만난 아이들과 다시 헤어지고 있다. 나는 내가 해줄 수 있는 것이 무엇일까 잠시 고민했다. 마음이 풍성해지는 시간, 결국 과일을 잔뜩 샀다. 그러고는 아이들을 택시에 태워 보내 주었다. 보이지 않는 곳에서 자신에게 맡겨진 일들을 아름답게 수행하는 사사에게서 영감을 받은 것이다. 그녀에게서 세상을 살아가는 성공하는 처세술이 아닌 아름답게 공존하는 친절과 배려에 대해 배웠다. 그녀는 공정 여행을 접목해 의미를 찾는 여행을 하는 것이 꿈이다. 그녀를 향한 아이들의 밝은 웃음에서 그 진심을 어렵지 않게 확인할 수 있었다.

양심을 속이는 구호 활동 문제들

"이 모기장이 정말 이상 없는 것 맞습니까?"

"물론입니다. 제가 직접 유통시키는 것이니 절대로 그럴 일 없습니다."

불편한 한쪽 발을 절뚝거리며 확신에 찬 어조로 대답하는 남자는 자못 강경한 태도다. 나는 박스에서 일부 모기장을 꺼내어 확인해 보았다. 아프리카에서 판매되는 모기장은 크게 두 가지 타입이 있다. 스퀘어 형과 라운드형이다. 그가 가져온 것은 스퀘어 형이었다. 네 곳의 모서리에 줄을 연결해 실내에 모기장을 설치하는 방식이다.

모기장 상태는 생각보다 괜찮았다. 비교적 튼튼했으므로 이만하면 현지인들이 좀 거칠게 다루더라도 어느 정도 버틸 수 있을 것이었다. 특별히 이번 모기장 설치 봉사는 현지 사정을 잘 아는 이강호 선교사님과 연합해 진행하기로 했다.

그는 탕가 지역 빈민가를 중심으로 십여 년간 우물을 파고, 농장건설, 식품 배급 등의 구제활동을 해오던 차였다. 그 때문인지 빈궁한 지역에 모기장 구호를 위한 방문을 반갑게 맞아주었다.

모기장 설치를 위한 사전 조사를 통해 다른 곳보다 상대적으로 더 빈곤한 키카푸Kikafu와 음파카니Mpakani를 도와줄 마을로 정했다. 한편 고맙게도 탕가 지역을 중심으로 지역 개발 봉사를 하는 코이카 단원 6명이 휴가를 내면서까지 봉사에 참여하겠다는 의사를 밝혀왔다. 주로 사무실 업무를 하는 자신들에게 이번 경우는 현지인과 직접 살을 맞대며 봉사할 수 있는 의미 있는 일이란다. 멋진 청년들이다.

어느 정도 예상은 했지만 마을에 들어가는 순간 나는 믿을 수 없는 현실을 목도하게 되었다. 수도는 고사하고, 변변한 우물 하나 없는 통에 어쩔 수 없이 연못을 이용해야 하는 주민들을 만난 것이다. 그런데 그 연못이라는 것이 가히 상상할 수조차 없는 비주얼이었다. 폐수와 다를 바 없었다.

한눈에 봐도 도저히 마실 수 없는 물이다. 저지대에 위치해 있어 물 흐름이 원활치 않았다. 시커먼 부유물들이 떠다니고 그나마 가축들도 물을 같이 이용하는 형국이었다. 아프리카에서 가축들은 귀하디귀한 재산 목록이자 최후의 식량인 까닭에 사람만큼 대접받는 경우가 흔하다.

이런 연못에 젊은 처녀들과 아낙네들이 물을 길어 왔다. 나를 보고는 잠시 경계하더니 이내 의심을 거두고 물가로 와 물을 퍼 담기 시작했다. 생존과 직결된 사안이라 물과의 처절한 사투를 벌이고 있는 그들이다. 고단해 보이는 여자들은 짧은 스와힐리어와 서툰 동작으로 이루어진 나의 걱정 어린 질문에 아랑곳하지 않고 머리와 한 손에 물통을 들고 유유히 자리를 떴다. 참으로 위태로운 모험처럼 보였다. 보고도 믿을 수 없는 장면이었다. 심지어 그들은 퍼 담은 물을 한

모금씩 마시기까지 했다. 무엇이 이들을 질곡의 환경에 구속시켰을까. 해마다 수많은 구호단체에서 아프리카에 우물을 파주고 있지만, 여전히 물을 필요로 하는 모든 마을을 만족시키지는 못하고 있다. 물을 통해 수반되는 각종 질병에도 속수무책이니 그 어떤 구호 활동보다 물에 집중하는 구호 단체들의 절박한 현장 사업이 이해가 간다.

연못에서의 충격이 채 가시기도 전에 이번엔 모기장에서 뜻하지 않은 문제점을 발견했다. 처음 두 박스에서 이상을 발견하지 못했던 모기장 박스에서 우려했던 일이 터져 버렸다.

'Free Net, Not for Sale!'

예상했던 바다. 전에도 겪었던 바다. 모기장 포장지엔 분명 큼지막하게 팔지 않는 물건이라고 찍혀있었다. 구호단체에서 배포한 물건이다. 다음 박스도 그리고 다음 박스도 마찬가지였다. 중간 상인이 우릴 속인 것이다. 그는 아픈 몸으로도 철저히 구매자를 농락했다.

고민에 휩싸였다. 기증받은 구호단체 물건을 빼돌려 암시장에서 불법 유통된 모기장으로 가난한 이들에게 도움을 주는 것이 옳은지 아니면 과정이 잘못되었기에 도움보다는 다시 모기장을 회수해 환불조치 하고 업자를 고발하는 게 맞는지 판단이 서질 않았다. 여러 의견이 오갔다. 구호 활동도 중요했지만, 과정 역시 민감했다. 과정이 건강해야 비로소 일의 완성이 의미 있게 이루어지기 때문이다.

아프리카 구호 물품 블랙마켓은 생각보다 심각한 상태라고 추측된다. 나는 이후에도 아프리카 곳곳에서 미국 국제개발처[USAID]나 기타 구호단체 등으로부터 후원받은 모기장을 다시 암암리에 재판매하려는 상인들을 여럿 만날 수 있었다. 그들은 아마도 선진국으로부터 무상으로 지급받은 정부 부처와 블랙 커넥션을 이뤄 매우 저렴한 가격에 모기장을 사들인 다음 다시 관리가 소홀한 틈을 타 시중보다 저렴한 가격에 상황을 잘 모르는 또 다른 구호단체나 자선 사업가들에게 팔아넘기고 있는 듯 보였다. 모기장이 필요한 단체에게 현지 모기장 공장에서 판매되는 것보다 말도 안 되는 저렴한 가격으로 흥정을 걸어오는 것이다.

구호 단체들은 물론 이 사실을 알고 있다. 유야무야 넘어갈 뿐이다. 행정력이 오지 곳곳까지 미치지 못하는 한계가 이해 안 가는 것은 아니다. 그러나 자신들이 아프리카에 모기장을 전달했다는 사실만 후원자들에게 공표할 뿐 제대로 분배, 관리되고 있는지에 대해서는 자료도 허술하고 확인할 방법 역시 없다는 점은 안타깝다. 다른 구호 활동 역시 마찬가지다.

무엇보다 인력 문제가 크다. 구호 단체에서 일하는 소수의 직원으로 수만 개 마을과 수백만 명의 사람을 일일이 데이터로 만들어 시스템화하기가 녹록지 않다. 이 기반을 다지는 데만도 적잖은 시일과 인력, 비용이 필요하다. 현지 문화를 존중해야 할뿐더러 지형이 험하고, 언어의 장벽도 만만치가 않다. 또한, 현지 사정에 밝고 언어가 통하는 현지인 고용인이 있다면 그를 믿어야 한다. 설사 그들이 어떤 구호 프로젝트에 대해 거짓 자료를 만들어 부당 이득을 챙기더라도 본사에서 날카롭게 분석해 판별해 내기란 여간 어려운 일이 아니다. 그래서 구호 현장은 신뢰가 뒷받침된 커뮤니케이션이 최대 덕목이다.

우리는 우선 급한 일부터 처리하기 시작했다. 점점 습해지기에 일단 말라리아 위험으로부터 주민들을 보호하는 게 옳다고 여겼다. 모기장을 모두 설치하기로 한 것이다. 둘씩 짝지어 가정마다 모기장을 치기 시작했다. 어떤 집에서는 할머니가 오렌지를 쥐어주며 고마움을 표하고, 또 다른 할머니는 연신 눈물을 훔쳤다. 집에 찾아와준 것이 고맙다며 굳이 자신이 먹어야 할 옥수수를 꼭 받아

달라며 건네기도 하고, 품에 달려들어 와락 안기는 아이들은 행복한 자신들을 봐달라는 투로 내 손을 자신의 볼에 비비고는 마냥 웃는다. 아무도 관심조차 주지 않아 무력했던 오지 마을에 따뜻한 온기가 꽃을 피우고 있었다.

아이들은 얼굴 하얀 외국인들이 와서 일하는 게 재밌다고 천방지축 쫓아다닌다. 몇몇 녀석은 아예 도와주겠다고 아우성이다. 한 집 한 집 모기장을 칠 때마다 마주치는 눈빛에서 사랑하고 있음을 느낀다. 깊은 주름에 켜켜이 묵혀 온 마음들이 때 묻지 않음을 본다.

코이카 단원들은 자신들의 용돈을 모아 마을 아이들에게 나누어 줄 학용품 세트를 따로 준비했다. 공책 한 권, 펜 한 자루 구입하기 어려운 아이들에겐 큰 선물이다. 거기다 센스 있게 구구단을 뒷면에 붙여 주었다. 정말이지 보는 나조차 뭉클해졌다.

종일 먼지를 마시고, 땀을 흘리며 모기장을 쳤다. 목표치를 이루자 하루해가 넘어갔다. 모두의 표정에 감사함과 행복함이 가득했다. 온종일 고생한 서로를 격려하며 뜻깊은 봉사활동을 마감했다. 한편 형편이 좋지 않은 현지인들과 나눌 수 있어 기분 좋은 웃음을 짓던 이강호 선교사님의 표정이 엄해졌다. 중간에 모기장을 거짓으로 판매한 상인을 시장에서 우연히 만난 것이다. 원칙주의자인 그는 "너희가 뒤로 빼내어 불법으로 팔아넘기기에 원래 도움을 받기로 한 무고한 주민들이 피해를 입는다"며 따끔하게 혼을 냈다. 그는 따지지 않고 말없이 고개를 푹 숙였다. 자신의 잘못을 알고 있는 것이다. 돕는 과정 역시 정직해야 함을 느끼는 순간이다.

흔히 아프리카 5대 구호 활동으로 교육, 의료, 에너지, 식량, 물 등을 꼽는다. 어느 것 하나 필요하지 않은 것이 없을 정도로 검은 대륙은 총체적 난국이다. 그러나 구호 단체들이 열심을 내면서 차츰 메마른 땅에 생기가 돌고 있다. 여러 채

널을 통한 광고를 통해 어느 정도 관심 끌기에는 성공했다. 아프리카 구호를 위한 수많은 단체들의 모금이 지금도 활발히 진행 중이다. 이젠 지혜롭게 대처해야 한다. 아프리카를 사랑하는 이들의 관심과 정성이 허투루 쓰이지 않도록 공정한 구호가 요구된다. 이것은 봉사자들의 의무이자 후원자들의 권리이기도 하다.

땀으로 적신 하루가 지나고 광야에는 붉은 노을이 사뿐히 내려앉았다. 선선한 바람이 잔뜩 오른 얼굴의 열기를 식혀주고 있다. 자꾸 아이들의 웃음소리가 들리고, 할머니의 미소가 아른거리는 걸 보니 또다시 이곳을 찾고 싶다는 생각이 드는 게 막연한 낭만만은 아닌 듯하다. 아프리카를 향한 나눔을 지금 나부터 시작한다면 분명 달라질 수 있다. 난 그런 작은 기적을 만들어 가고 있음을 의심하지 않는다.

안갯속에 사는 사람들

높은 고도에서 뿜어 나오는 싱그러운 녹색 빛이 사방으로 퍼지니 삿된 마음 다 녹아 없어진 듯하다. 친환경 여행지로 입소문 난 루쇼토Lushoto에서 나는 라이딩으로 고단해진 몸과 마음의 휴식을 원했다. 아기자기한 폭포와 언덕들, 산을 이용한 각종 트레킹, 하이킹 코스, 건강한 유기농 식품과 친환경 건물들. 인공미에 질린 이들에게 루쇼토는 자연과 교감하며 벌거벗은 인간을 마음껏 구현할 수 있는 파라다이스가 된다.

루쇼토를 들르는 여행자라면 누구든지 이렌테 뷰 포인트Irente view point로 가는 미니 트레킹을 찾게 된다. 양쪽에 열을 지어 서 있는 울창한 나무들 사이로 흙길을 밟는 건강함이 매혹적인 길이다. 더욱이 길 중간중간 뜻하지 않게 만나는 아이들의 순박한 미소를 볼 수 있다. 어떤 녀석은 숯을 팔기 위해 조심스레 나를 부른다. 그리고는 눈을 마주치면 부끄러워 차마 말을 잇지 못한다. 사랑스럽다.

자전거를 밀고 올라가다 보면 어디에서 나타났는지 교복 입은 아이들 역시 쑥스러운 얼굴로 웃음을 참으며 내 곁을 지나간다. 나뭇가지를 한데 모아 제 머리에 이고 가는 대여섯 살짜리 아이들을 보면 귀엽다가도 마음이 아련해짐은 어쩔 수가 없다. 길이 끝날 무렵엔 유기농 식품으로 허해진 속을 달랜다. 집에서 직접 만든 신선한 빵과 주스를 마시며 여행의 방점을 찍는다. 그런 소박한 즐거움이 있는 길이다.

트레킹을 마치고 루쇼토 여행자센터에 갔더니 에릭이라는 친구가 반색한다.

"친환경 여행지에 온 걸 환영하네. 틀림없이 루쇼토가 자네에게 멋진 곳으로 기억될 걸세. 그런 의미에서 자전거로 아프리카 여행 중이라니 자네에게 특별한 투어 프로그램을 알려 주지. 바로 이곳 루쇼토에서 킬리만자로가 보이는 모시까지 5박 6일로 가는 하이킹 코스가 있거든. 산길을 따라 오프로드를 타고 가는 자전거 여행이니 자네에게 딱 맞는 투어가 아니겠나? 중간에 현지인들의 독특한 삶도 보고 말야. 원래 600달러이던 것을 자네에게만 특별히 500달러만 받음세."

손님이 많이 찾지 않았던지 그는 나의 환심을 사기 위해 열정적으로 자전거 투어를 권유하고 있었다. 하지만 내게도 곤란한 사정이 있다.

"저기 미안하지만, 어차피 내 자전거로 모시까지 가야 해요. 지금까지 그래 왔듯 앞으로도 내 자전거로 산악 라이딩을 할 거고요. 그런데 굳이 돈 주면서 할 필요가 없지 않겠어요? 뭔가 이상하지 않아요? 이 투어가 아니더라도 어차피 난 내 자전거로 거길 가야 하거든요."

순간 당황한 에릭은 급히 자리로 돌아가 애먼 라디오를 툭툭 치더니 볼륨 소리를 높였다.

다음날 새벽, 나는 음타에Mtae로 향했다. 루쇼토에서 차로 네댓 시간을 더욱 깊숙한 산길로 올라가야 하는 곳이다. 안개로 뒤덮인 완벽한 침묵이 매혹적인 고즈넉한 산꼭대기 마을이다. 내가 꿈꾸던 무릉도원이었다. 비록 전기와 편의 시설들이 전무하다시피 하지만 문명에 찌들지 않은 순박한 사람들의 온기가 있는 곳이다. 차로, 자전거로 온종일 이동해 도착하고 보니 절로 감탄이 터져 나왔다. 만화영화 '머털도사'에 나오는 절벽 끝의 성처럼 마을이 꼭 그 모양을 닮아 있었다.

아침이면 안개가 온 마을을 덮어 기기묘묘한 분위기를 연출하고, 절벽을 따라 난 길을 걸으면서 새소리에 귀를 쫑긋 세울 수 있다. 마른 나무로 불을 피우고, 철저하게 해가 뜨고 지는 자연의 섭리에 따라 삶을 영위하는 모습도 이채롭다. 단어 그대로 '자연스럽다'를 가장 잘 대변해주는 곳에서 배어 있는 건강함이 좋다. 대중적인 여행지가 아니다. 그냥 마을이다. 그래서 그리 알려지지 않은 까닭에 소수의 여행자만이 알음알음 찾아온다.

루터 교회에서 운영하는 숙소에 여장을 풀고 저녁땐 동네 음식점을 찾았다. 먹을 거라곤 쌀밥과 감자튀김, 채소, 고기 한 점이 전부지만 외딴곳에서는 이런 음식도 감지덕지다. 여기에 콜라가 있으니 세상 부러울 것 없는 식단이다. 평화로움 속에 방심했던 걸까. 나는 포만감에 젖어들어 행복해하며 고요한 밤길을 걸었고, 숙소에 도착했을 땐 미련하게 가방을 놓고 왔음을 깨달았다. 가방엔 여권, 지갑, 노트북, 외장 하드 등 중요한 물건이 모두 들어있었다. 정신이 번쩍 든 나는 부리나케 음식점으로 달려갔다. 하지만 내 자리엔 아무것도 없었다.

"함나 시다Hamna Shida, 문제없어요! 당신이 올 거라 예상하고 있었지요. 우리는 착한 사람들입니다. 남의 물건에 손대지 않아요. 당신의 여행은 모두 잘 될 겁니다. 하쿠나 마타타Hakuna matata, 다 잘 될 거예요!"

어깨를 들썩이는 주인의 만면에는 웃음이 가득하다. 나는 놀란 가슴을 진정하고 가방을 건네받았다. 물건은 잃어버린 것 하나 없이 그대로였다. 남자는 자신의 배려를 스스로 대견스러워하며 서툰 영어로 말했다.

"우리 마을엔 좋은 사람들만 있어요. 꼭 그렇게 기억해 주고, 다음에 다시 찾아와 주세요."

아무렴. 미칠 것 같은 이 순박함에 눈시울이 붉어진다. 이게 사람 사는 정인데, 나는 무엇인가 잃어버린 채 살아가고 있다.

음타에에는 100년 전 독일 루터교 선교사들이 들어와 세운 교회가 하나 있다. 이슬람교 세력이 강한 해안 지방과 달리 산악 지역엔 오래전부터 포교활동을 해 온 덕에 기독교가 상대적으로 많이 분포되어 있다. 루터 교회에서는 일요일마다 예배가 드려진다. 평소에는 조용한 마을인데도 일요일이면 어디서 모였는지 수백 명의 신자가 교회를 가득 메운다.

일요일 아침, 나는 예배에 참석했다. 그런데 여느 교회와는 다른 특징이 있었다. 예배 후 벌어지는 나눔이었다. 가난한 마을이라 모든 신자가 돈으로 헌금을 낼 수는 없는 일. 해서 어떤 이는 닭이나 달걀을, 어떤 이는 바나나나 다른 과일들을, 어떤 이는 곡물을 신에게 감사하는 마음으로 헌물로 드렸다.

그런데 이것을 교회가 소유하는 것이 아니었다. 예배가 끝나면 모든 신도가 교회 뜰로 모인다. 이때부터 사회자가 진행을 하며 소위 경매를 한다. 한 신도가 헌물한 것을 필요한 다른 신도가 매우 저렴한 가격에 구입하는 것이다. 그러면

서 자연스레 신도 간에 나눔이 된다. 이득을 보려는 것이 아닌 나눔의 가치를 두고 있기에 모두에게서 행복이 터져 나온다. 물질적으론 가난해도 이 순간만큼은 결코 가난하지 않다.

나 역시 경매로 바나나 한 손을 구입했다. 더 구입하고 싶었지만 식량이 필요한 다른 주민들의 형평성을 고려해야 했다. 내가 경매에 참여하자 유례없이 박수가 터지며 다들 자신들의 공동체에 참여해 준 걸 기뻐해 주었다. 단돈 200원으로 받는 큰 환대다. 고맙기 그지없다. 모든 경매가 끝나자 관악기로 축하곡이 울려 퍼졌다. 일주일을 기다려 먼 곳에서부터 걸어온 만남이기에 잠잠한 산골짜기 마을의 외투를 벗어 던지고 한바탕 질펀한 춤과 노래의 향연을 거친 뒤에야 해산한다.

한 달 정도 책을 쌓아놓고 머물고 싶다는 갈망이 생기는 곳, 음타에. 방 한 칸 빌려 마을 사람들과 인연을 만들며 직접 생활에 필요한 노동을 하는 것도 좋을 성 싶다. 분명 아프리카에서 가장 마음을 놓고 쉼을 허할 수 있는 곳임에 틀림없다.

인터넷도, TV도, 즐길 유희 거리도, 전기도, 다양한 먹거리도 없다. 그런데 끌린다. 몸의 모든 기관들이 문명에 찌들어 있다가 이렇게 청정한 곳을 찾으니 내재되어 있는 자연과 합일하고픈 욕구가 반응하는 것이다. 심심하다 싶으면 가끔 걸어서 두 시간 거리의 산을 하나 넘는 것도 좋겠다. 그리하여 맘보 뷰 포인트에 이르면 지속 가능한 발전을 몸소 실험하며 친환경 롯지를 세운 백인 노부부를 만날 수도 있다.

나는 아무 할 일도 없을 것 같은 이곳에서 그저 사람들과 도란도란 이야기하며, 산길을 걸으며, 몸을 자연에 맡기는 걸로 5일을 보냈다. 마음이 한결 가벼워

짐을 느꼈다. 마냥 더 머무르고 싶었다. 그렇지만 아직 더 나눠야 할 모기장이 생각났다. 아침이슬이 채 마르기 전 나는 다시 루쇼토로 내려와 모시를 향해 페달을 밟기 시작했다. 탄자니아 최고의 여행지 킬리만자로 산과 세렝게티 국립공원이 기다리고 있는 바로 그곳으로 달리기 위해서.

Hakuna matata

어떤 아이의 힘겨운 내기(耐飢)

음식은 제법 구색을 갖추었다. 튀긴 치킨과 염소고기, 달걀과 감자, 밥과 샐러드, 그리고 과일을 포함한 각종 사이드 메뉴 등. 관광지 주변이니 가능한 다채로운 메뉴다. 루쇼토에서 모시Moshi로 가는 중 잠시 간이 식당을 들렀다. 거친 라이딩에 체력이 방전되는 자전거 여행자는 늘 고단백, 고칼로리 음식을 필요로 한다. 한 입 먹고 나면 불구덩이 속에서 타 버리는 짚처럼 순식간에 사그라지는 에너지원이 아닌 가슴에 뭉근하게 오래 남는 뭔가가 필요하다. 이것은 곡물이나 과일, 가공식품 따위로 만족스레 채울 수가 없다. 역시 고기가 제격이다.

여행을 하든지 구호 활동을 하든지 아프리카에선 언제나 한 푼이 아쉽다. 해서 좀처럼 먹는 것에 투자를 하지 않는 나인데 간만에 기름진 치킨을 주문했다.

장도에 대비해야 했다. 더위와 바람과 오르막이 예사가 아니다. 곧 음식이 나왔고 나는 게 눈 감추듯 먹어 치웠다. 적당히 포만감이 일자 콜라 한 병을 시켜 짜릿한 청량감도 만끽했다. 도무지 이 콜라가 아니면 내가 어떻게 제정신으로 아프리카 자전거 여행을 하랴? 나에겐 단비 같은 존재다. 아니, 마약이다.

자리에서 일어나 계산하고 자전거를 세워둔 쪽으로 갔다. 속이 든든해서일까. 주인아주머니의 후덕한 웃음이 기분을 좋게 만든다. 짐을 점검하며 떠날 채비를 하는데 갑자기 아이 한 명이 내가 머물던 식탁으로 들어와 앉았다. 그러더니 능숙한 손놀림으로 접시를 훔척거렸다. 가만 보니 아까부터 음식점 밖을 서성이던 아이다. 태연한 표정으로 식당 직원들과 이야기하길래 식당 주인의 아들 녀석이나 되는 줄 알았다. 대수롭지 않게 생각했었다.

그랬다. 녀석은 배가 고팠던 것이다. 여느 아프리카 아이들과 다르지 않을 빈곤의 시련을 시리게 겪고 있었다. 이런 일이 비일비재한가 보다. 누구도 내치지 않는다. 비슷한 경험이 다른 제3세계 국가에서도 있었다. 하지만 아이들은 안다. 최소한 식사 시간만큼은 손님에게 폐를 끼치지 않아야 식당 주인들도 어느 정도 눈감아 준다는 것을. 그러기에 손님이 식사를 끝낼 때까지 그저 기다리고 기다리는 것이다. 녀석들은 행여 고기 한 점, 과일 한 조각 남겨질까 봐 신경을 곤두세우며 초조해한다. 그렇게 한 끼를 빈곤하게 나는 것이다.

녀석은 갈비도 아니건만 뼈에 달라붙은 짭조름한 고기 한 점까지 놓치지 않으려는 기세다. 누군가에겐 더 이상 효용가치가 없는 것이 자신에겐 소중한 양식이 되는 이 비루한 현실에 감정이 격해진다. 녀석과 눈이 마주쳤다. 멋쩍은 표정을 짓다 이내 익숙하게 제 할 일을 한다. 나는 물었다.

"콜라 한잔 할래?"

"아뇨, 괜찮아요."

"그럼 빵이라도?"

예상이 빗나갔다. 아이는 싱긋 한 번 웃더니 도리질을 했다. 의외의 반응이었다. 절제를 통해 최소한의 존엄성을 지키려는 태도였다. 모잠비크의 어느 오지마을에서 내내 천진난만하던 아이들이 내가 남겨둔 빵 한 조각에 갑자기 떼로 달라붙어 쟁탈하려고 했을 때가 있었다. 어떻게 체득한 건지 음식 앞에서는 짐짓 태평하다가도 그 음식의 주인이 기득권을 포기한 순간 사생결단 태도로 달려드는 어린 영혼들의 모습에 마음이 아려왔던 기억이 있다.

나는 놀라는 한편 그런 모습에 콧등이 매워지고 갑자기 뒷목이 뻐근해졌다. 동시에 심각한 회의가 들고 말았다. 불공평한 인생의 시작에서 과연 정의란 무엇일까? 아직도 답에 근접한 깨달음을 찾고 싶다는 핑계로 나는 길을 떠돈다.

식량, 우물, 교육, 의료, 에너지 어느 것 하나 필요하지 않은 게 없는 아프리카의 고된 현실이다. 한 아이의 배고픔이야 일회성으로 간단히 해결해 주겠지만, 지속적인 기근 앞에 놓인 수많은 아이들을 위해 내가 할 수 있는 것은 그리 많지 않다.

그러나 그렇다고 해도 할 수 있는 한 자그마한 의미를 남겨보고 싶다. 타자의 설움이 내 안에 치밀어 오르기 때문이리라. 어둡다고 불평하지 말고 촛불 하나라도 켜는 게 낫다고 공자가 말씀하지 않았나. 무엇 때문인지 여행의 무게가 점점 더 무거워지고 있었다. 젊은 혈기가 끓어오르는 느낌이다. 다만 치기 어린 감정이 냉철한 이성을 앞서지 않길 바랄 뿐이다. 간이 천막으로 된 야외 화장실에 잠시 다녀오는 동안 남은 접시를 깨끗이 비워낸 아이는 어느새 자리에서 사라지고 없었다.

무엇 때문인지 여행의 무게가 점점 더 무거워지고 있었다.

세렝게티 사파리 투어를 포기한 이유

탄자니아 여행의 주된 이유는 아마도 두 가지일 것이다. 어린 시절 즐겨보던 「동물의 왕국」 추억이 새록새록 녹아있는 세렝게티 국립공원 사파리 투어나 아프리카의 랜드마크인 킬리만자로 등반을 위해서다. 킬리만자로 산 등반이야 건강상 이유로 접을 수 있다. 하지만 응고롱고로[Ngorongoro]와 올두바이[Olduvai] 협곡을 포함한 대자연의 장엄함과 생태계의 신비함을 두 눈으로 목도할 수 있는 지구상 최고의 사파리 투어를 포기할 여행자는 그리 많지 않다.

남아공부터 이곳까지 자전거로 6개월이 걸려 왔다. 그러니 스스로를 위로하기 위해 킬리만자로 등반과 세렝게티 사파리 투어에 대한 정당성을 부여할 수 있다.

투어 계획을 짜고 휴식에 집중했다. 젊은 체력이지만 장기간 자전거 여행에는 장사가 없다. 아침에 기아대책 소속의 오종성 대원이 마랑구Marangu 맞은편에 있는 외진 마을에 방문한다고 했다. 피곤함에 쉴까 하다 별생각 없이 따라나서게 되었다.

비포장 길을 따라 한 시간여를 들어가니 척박한 마을이 나타났다. 흔히 보던 장면이라 건조한 표정으로 주변 경치를 구경하고 있었다. 멀리 장엄하게 솟아오른 킬리만자로에 정신이 팔리다 뒤따라 들어간 보건소에서는 여느 아프리카 시골처럼 낙후된 의료시설뿐이었고 그나마 약품들은 변색되었거나 아예 칸이 텅텅 비어 있었다. 예순을 바라보는 오종성 대원은 가난한 이들의 친구가 되기 위해 마을을 정기적으로 방문하면서 상황을 파악하고 도움을 주고 있었다.

"마을 아이들의 상당수가 HIV 바이러스 보균자입니다. 워낙 가구들이 숲 안쪽 깊숙이까지 편재遍在해 있는 까닭에 교육도 잘 이루어지지 않고, 예방도 언감생심이지요. 게다가 식량을 비롯한 인간의 존엄성을 지키는 데 필요한 기본적인 생필품조차 충분히 갖추고 있지 않아요. 그래서 돕고자 결심했습니다.

그런데 늦은 나이에 아프리카에 와 보니 적응하기가 만만찮군요. 하나하나 차근히 기반부터 다져야죠. 먼저 사람들과 관계를 맺어 소통하고 마을의 현안을 챙길 수 있는 언어 문제부터 극복하려고 노력 중입니다. 아직 언어가 서툴러 매번 도움을 주러 올 때마다 한계를 느끼거든요. 그게 어느 정도 해결되면 다음으로 마을의 문제 파악과 대책을 위한 시스템화 작업까지 할 예정이에요. 일이 산더미죠. 그래도 마을 사람들을 생각하면 지체할 수가 없어요."

오늘은 마을 사람들 명단을 정리하는 작업을 할 참이었다. 당연히 주민등록증이 없는 곳이라 추후 도움을 줄 때 신원 파악을 위한 사진과 이름을 관리하는

시스템이 필요하다. 나는 장부에 필요한 증명사진을 찍는 일을 했다. 오랫동안 원치 않은 질곡의 세월을 살아온 까닭일까. 웬일인지 다른 마을과 다르게 언행에 활력이 없고 표정이 어두웠다. 뷰파인더 안에 들어온 희망 없는 얼굴들을 보다 그들에게 생의 의미란 무엇인지 물어보고 싶었다. 나로서는 '내가' '지금' 살아가고 있다는 사실은 경탄할 만한 축복임이 틀림없다. 조물주든 부모님에게든 겸허히 감사해야 함 역시 마땅하다. 그게 내 생의 의미다.

몇몇 아이들이 내게로 다가왔다. 녀석들은 스와힐리어로 자기네들끼리 몇 마디 나누더니 조금 난감한 표정을 지었다. 대관절 무슨 일인 걸까 의아해하던 찰나 한 녀석이 눈치 끝에 용기를 내어 내 손을 잡았다. 놀라운 스킨십이었다. 순간 멈칫했지만, 뭐가 그리 좋은지 목청이 보일 정도로 요란하게 웃는 녀석들을 보고 잡은 손을 더 꽉 잡았다. 곧 다른 녀석들도 내 손을 잡기 시작했다. 한 손에 두 명의 아이들 손이 포개졌다. 한 아이는 내 손을 자기 손에 꽉 잡고선 제 얼굴에 비벼 댔다. 또 어떤 아이는 내 허벅지를 와락 껴안으며 생긋거렸다. 순식간에 예닐곱 아이들에게 둘러싸이게 되었다. 녀석들은 아무 이유 없이 마냥 좋아하고 있었다. 갑자기 심장이 뜨끈해졌다.

숙소에 돌아와 샤워하고는 자리에 누웠다. 도무지 잠을 이룰 수 없었다. 내가 무슨 영화를 누리겠다고 자전거를 타고 이곳까지 왔던가? 그저 며칠 개인의 유희를 위해 시간과 경비를 써 버린다면 그게 최선일까? 가슴은 답을 알고 있었다. 나는 혼자가 아닌 모두가 행복하고 감사한 길을 가고 싶었다. 다음 날 오종성 대원에게 속마음을 털어놓았다.

"세렝게티 사파리 투어와 킬리만자로 등반을 포기하겠습니다. 대신 그 돈으로 어제 방문한 마을에 모기장을 쳐주고 또 다른 필요한 일에 도움을 주도록 하겠습니다.”

“이곳에 오기도 쉽지 않을뿐더러 오면 꼭 경험해야 하는 투어인데요. 마을 걱정은 마시고 여행 다녀오세요.”

내 결심은 확고했다. 운이 좋다면 언젠간 다시 이곳에 와 여행을 할 수 있을 것이다. 그러나 아이들은 지금, 작게라도 돕지 않으면 그 기회를 영영 놓쳐 버릴 수 있을지 모른다는 생각이 들었다. 오종성 대원을 설득해 즉시 모기장 공장을 찾았다. 매니저와 상의하기 위해서다.

“나는 이방인으로서 당신네 나라에서 장사해서 이문을 남기고싶은 생각이 추호도 없습니다. 그저 가난한 마을을 도와주려는 것뿐입니다. 그러니 시중 가격 말고 훨씬 싸게 계약해 주셨으면 합니다.”

“얼마 정도로요?”

“반 가격!”

협상 테이블에서 난항을 겪어도 뚝심으로 밀어붙이려고 단단히 마음먹고 온 터다. 마을의 아이들과 인연을 맺은 이상 이것은 더 이상 개인 문제가 아니다. 그런데 매니저가 취지를 듣더니 흔쾌히 승낙해 주었다. 내 제안이 터무니없을 수도 있었을 텐데 그는 그냥 그러라고 말만 할 뿐이었다. 그에게서 부드러운 힘이 느껴졌다. 물론 자체 생산가격 때문에 반 가격까진 아니었지만, 시중 확인가격보다 40% 저렴하게 구입할 수 있었다. 나는 들뜬 마음으로 다음날부터 리아뭉고Lyamungo와 은디니카Ndinyika 마을에 본격적으로 모기장 설치를 시작했다.

무더위에 땀을 흘리면서도 마음은 점점 시원해져 왔다. 사실 이 후원금에는 지인들이 여행 경비에 보태라고 찔러준 금액도 있었다. 그러나 더 가치 있는 일에 쓰는 것이 진정한 공정 여행이란 생각이다. 그들도 나와 같은 마음이리라. 마

침내 마을에 모기장 설치를 끝냈다. 이렇게 나눔을 할 수 있다는 것을 출발 전엔 선불리 예상할 수 없었다. 계속해서 작은 기적이 일어나고 있었다. 어디에서든 인격체와 인격체 간에 통하는 진심 때문이다.

비록 아프리카 대륙의 진미를 맛볼 수 있는 최고의 투어를 포기했지만, 전혀 아쉽지 않았다. 여행은 사람을 사랑하게 하는 신묘한 힘이 있다. 나를 변화시켜 주니 감사하다. 이방인의 입장에서 그들의 삶을 아주 조금은 이해하고, 내 허영과 가식의 껍질을 벗을 수 있는 값진 계기가 되었다. 지금보다 조금 더 겸손한 내가 된다면 여행에서 이보다 더 크게 얻는 기쁨은 없을 것이다. 모시를 떠나려니 왠지 처음 나를 보고 와락 안았던 마을 아이들의 체온이 그대로 전해지는 것처럼 온화해졌다. 나에겐 한 아이의 미소가 킬리만자로보다 세렝게티보다 더 위대하다.

여행은 사람을 사랑하게 하는
신묘한 힘이 있다.

21C 마사이 부족

"집을 뛰쳐나왔습니다. 괴로워서 더 이상 머물 이유가 없었어요."

갓 스물을 넘긴 음와미니는 이제 평온해 보였다. 깔끔한 노란색 치마에 청재킷을 걸친 파격적인 옷차림과 머리를 하늘로 꼿꼿이 세운 헤어스타일은 탄자니아 신新여성의 면모를 유감없이 보여준다. 무엇보다 지금은 당당히 직업을 가지고 있다. 유치원에서 아이들을 돌보고 있다. 그녀는 자부심을 가지며 매우 만족해했다. 또 사랑을 선택할 수 있는 권리도 자연스레 따라왔다. 사진을 찍어도 되냐고 정중히 묻자 예의 수줍은 숙녀의 모습으로 포즈를 잡았다.

그녀는 독립했다. 이제 혼자다. 시골 소녀의 도시 정착기가 아니다. 그녀에게 가장 든든한 울타리가 되어 줘야 할 가족과 마을의 공동체로부터 탈출한 것이다. 마사이 부족 공동체에서 쫓겨나거나 탈출한다는 것은 다시는 그 공동체로 재편입 될 수 없다는 걸 뜻한다. 하지만 후회하지 않는다.

어느 날 음와미니는 아버지로부터 일방적인 통보를 받았다. 시집을 가라는 것이었다. 이웃마을 남자로부터 소들을 받았다는 이유다. 남편 될 남자는 나이가 많았다. 삼촌뻘이었다. 무엇보다 음와미니의 마음속엔 다른 남자가 있었다. 그러나 대개 이런 경우 딸은 묵묵히 아버지의 말을 따라야 한다. 가족과 공동체, 그리고 그것을 지켜주는 근간이 되는 소를 중요시하는 것이 마사이 부족의 삶이자 문화이기 때문이다.

유목을 하는 마사이 부족에게 소가 그들의 존재 이유인 건 두말할 나위 없다. 물을 제외한다면 다른 어떤 이유도 결혼을 위한 근거가 소에 비해서는 빈약할 수밖에 없다. 이들에게 소는 목숨과도 같은 절대적이다. 때문에 가끔 강탈하러 오는 자들과 지키려는 자들 사이에 전투가 발발하기도 한다. 최근에는 이런 문제 때문에 마을에서 아예 총기를 구입할 정도다. 그녀는 소 몇 마리 때문에 마음에도 없는 사람과 결혼한다는 사실, 평생 자신의 인생을 찾지 못할 것 같은 불안함에 괴로워했다. 그래서 탈출하기로 결심했다.

마사이 부족을 만나러 가는 길은 녹록지 않았다. 자전거로는 언감생심이다. 행여 도전하거든 건조한 초원이거나 메마른 사막뿐인 길을 기약 없이 가야 한다. 길이 거칠기 때문에 사륜구동이 필요하다. 동아프리카 지대에 널리 분포되어 거주하는 유목민 마사이 부족은 이미 TV를 통해 친숙해져 있다. 용맹하고, 원시적이며, 아프리카 특유의 야성미를 가지고 있다. 브라운관을 통해 느끼던 그 매력은 마사이 부족에 대한 동경심을 심어준다.

열강들의 나눠먹기식 국경 분할로 마사이 부족이 사는 사막초원지대는 케냐의 마사이 마라, 탄자니아의 세렝게티 지역으로 나뉘게 되었다. 마사이 부족마을은 여전히 남성 중심의 폐쇄적인 사회다. 초원에는 염소를 치는 아이들이 있고, 각종 화려한 장신구로 치장한 여자들은 집 안과 밖에서 갖은 일들을 도맡아 한다.

그러나 최근 현대화의 물결을 타고 급격한 변화가 감지되고 있다. 최근 들어 정부에서 마사이 부족이 살던 땅에 대해 도시화 개발과 옥수수 밭으로의 개간을 명목으로 출입금지 시켜 운신의 폭이 매우 좁아졌다. 급격한 세계화의 바람이 이곳을 모른 체 비켜나갈 이유가 없다. 터무니없는 보상금으로 그들의 터전을 빼앗자 힘없는 이들은 망연자실해졌다. 젊은 부족원 일부는 도심으로 나가 일을 하고, 또 일부는 여전히 유목민으로 살아간다. 그러는 중에 현대 문명의 지표로 삼을만한 휴대전화기와 라디오가 유입되어 원시적인 생활환경에도 문명의 이기를 사용하게 되었다.

적지 않은 경우 사냥이 없어진 지금 남성들은 부족 안에서 권리만 누린 채 의무는 등한시하는 기형적인 상태가 되고 있다. 물론 아침마다 소에게 필요한 풀을 먹이기 위해 수십에서 수백 마리 넘는 소를 이끌고 길을 나서는 모습은 장관이다. 하나 언제까지 그들의 전통이 유지될지는 지켜볼 일이다. 불과 차로 한 시간 떨어진 곳에서 맹렬하게 파고든 자본주의의 논리를 보며 오래지 않아 이곳 역시 전통이 사라질 것이라는 느낌이 강하게 들었기 때문이다.

음와미니는 자유를 찾았고, 남자들은 서서히 현대 사회에 길들여지고 있다. 여전히 마을의 강경파들은 자신들의 정체성 확립을 위해 전통을 지켜야 한다고 주장하고 있다. 전통적인 삶을 영위해 왔던 그들의 입장에서는 그녀가 탈출한 것은 마을 질서를 어지럽히는 비분강개할 일인 것이다. 최근 이들의 식량 부족 타개를 위해 구호단체에서 우물을 파고, 학교를 세워 교육에 열정을 쏟는 등 여러 도움을 주고 있다.

마사이 부족 마을에 모기장을 치러 갔을 때 일이다. 한 집에 사람들이 웅성거리며 모여 있었다. 산모는 진통 중이었고 상당히 위급한 상황이었다. 전화기도 없어 도움을 요청하지 못했던 모양이다. 마침 모기장을 싣고 두 대의 차량으로 왔기에 산모를 차에 싣고 급히 병원으로 향했다. 하늘의 보살핌이었다. 당초 마을을 주 1회 방문하는 스케줄이었는데 내가 추진하는 모기장 구호 활동 때문에 이곳의 구호 활동가가 당일 급작스레 오게 된 것이다.

안전을 장담할 수 없는 상황에서 산모를 이동시킬 수 있었다. 전통적인 입장을 고수하는 남자들은 마을에 도움을 준다 해도 외부인의 등장이 반갑지만은 않다. 여자와 아이들에게 쏟는 애정이 자신들의 역할과 권위에 대해 불리하게 작용할 수 있기 때문이다. 그들에게도 수백 수천 년을 이어 온 삶의 노하우가 있기 마련이다. 그러나 이런 긴박한 일에는 속수무책이다. 그들의 평균수명이 그리 높지 않은 이유다.

외부인이 출입하면서 조금씩 이들의 삶에도 변화가 생겼다. 편리를 누리고 싶지만, 전통적 가치관과 충돌하는 경우가 잦다. 아직은 과도기 단계다. 때로는 어떤 것이 옳은지 그른지 판단하기 쉽지는 않다. 다만 확실한 것은 모두가 행복을 누릴 권리가 있다는 것이다.

탄자니아 정부로부터 터전을 잃고 점점 주류에서 밀려나는 마사이 부족근처 메루족과 차가족 역시 마찬가지다의 내일이 어떻게 될지는 모른다. 미국의 인디오처럼 일정한 주거 지역 안에서 보호를 받을 수도 있고, 콩고의 피그미 족처럼 아예 존엄성 자체를 위협당할 수도 있다. 어떤 길이 더 그들에게 더 현명한지 모르기 때문에 나는 다만 그들이 더 행복해지는 방향으로 그들의 정체성을 지켰으면 하는 바람만 두고 나왔다. 다행히 산모가 건강한 아이를 순산했다는 얘기를 들으며 걱정했던 가슴을 쓸어내릴 수 있었다.

REPUBLIC OF KENYA
UGANDA, RWANDA,
SUDAN, ETHIOPIA

달빛 아프리카 07
케냐, 우간다, 르완다, 수단, 에티오피아

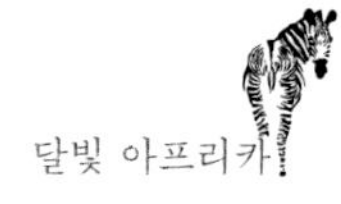

키베라 빈민촌 아이들

거친 황야에 바람만 이는 탄자니아의 적막하고 고요한 길을 지나 동부 아프리카의 중심 나이로비Nairobi에 당도했다. 나이로비는 탈아프리카를 지향하며 눈부시게 발전해 있었다. 급격한 성장과 함께 문화 지체현상으로 인한 범죄 때문에 악명이 높지만 낮 시간 동안 안전하게 번화가만 돌아다니면 괜찮을 성 싶기도 했다.

키베라Kibera를 가기로 했다. 케냐에도 대자연을 즐길 만한 여러 투어 프로그램이 있지만, 오지와 빈민촌을 돌면서 더 이상 혼자 즐겁기 위한 여행에 감정적 한계에 다다랐다. 유희만을 통해서는 여행의 의미가 없는 것이다. 나는 한인교회에서 일하는 현지인 코디네이터를 소개받아 필리핀 바세코Baseco, 브라질 리우데자네이루와 함께 유엔이 지정한 세계 3대 빈민촌이라는 키베라로 발걸음을 옮겼다.

로컬 버스를 타고 근처에 오자마자 심한 악취가 코를 찔렀다. 추정인구 50만 이상에 이르는 사람들은 쓰레기 더미나 다름없는 죽은 땅 위에서 살고 있었다. 게다가 집과 집의 작은 도랑에는 썩은 내가 진동하는 하수가 흐르고 있다.

"경찰도 터치하지 못하는 우범지대예요. 절대 사진 찍지 말고, 가능하면 눈도 마주치지 마세요. 어차피 우리 편은 아무도 없어요. 적대감이 강한 동네라 시비 붙으면 이방인은 위험해 지거든요."

가이드가 단단히 일러준다. 그 역시 긴장한 티가 역력했다. 실제 키베라는 무법지대로 통한다. 절대적 빈곤과 상대적 절망을 자양분으로 분노와 범죄를 키워내고 있다. 케냐의 메이저급 갱들은 대부분 키베라 출신이라는 게 정설로 굳어질 정도다. 이들은 가난한 곳에서도 더 가난한 변방 인생을 살다가 이곳 정착촌에 모여 하나의 거대한 빈민 군락을 이루게 되었다. 구절양장 같은 수많은 구불구불한 갈래 길과 슬레이트 지붕을 얼기설기 엮은 조악한 가옥들, 그리고 어떻게 끌어왔는지 모를 조잡한 전기선들은 복잡다단한 그들의 생활을 있는 그대로 보여주고 있었다. 나무 한 그루 찾아보기 힘들어 밀림이라는 현지어의 뜻이 무색할 정도다. 사정이 이러니 주소지를 파악하기란 불가능하다. 케냐 정부에서도 손을 쓸 수 없을 지경이란다. 정확히는 무관심으로 일관하는 것이다.

키베라에 위치한 한 학교를 찾았다. 세상의 아이들은 한결같다. 천진난만하기만 하다. 나를 보더니 그 조그만 녀석들이 손잡고, 안고, 등에 매달리며 뜨거운 관심을 표한다. 아침과 점심 사이에 주어지는 티타임 땐 옥수수로 만든 죽 폴리쉬polish로 간단히 때운다. 나는 구석에서 친구들과 조잘조잘 대화하던 열여섯의

케빈을 찾았다. 서글서글한 눈매가 매력적인 점잖은 남학생이다. 진솔하게 다가가자 마음을 여는 녀석과 금방 대화를 풀어나갈 수 있었다. 진흙탕 같은 빈민촌에서 연꽃처럼 피어나는 그의 꿈은 무엇일까?

"사실 제 꿈은 축구 선수예요. 왜냐하면, 난 축구에서 내 재능을 발견했거든요. 여기 내 친구들도 같은 꿈을 꾸고 있어요."

"그렇구나."

나는 아프리카 아이들 대부분의 꿈인, 그러나 결코 녹록지 않을 축구선수가 되는 가능성에 대해 함부로 비관론을 내비치지 않기로 했다. 녀석의 꿈을 초벌구이 잘못된 도자기 내던지듯 무심히 깰 권리가 내겐 없다. 아직 케빈에겐 냉엄한 현실보다 한 뼘이라도 더 자란 희망의 빛을 볼 시기다. 도자기 토련작업처럼 말이다. 대신 그의 이야기에 귀를 기울이기로 했다.

"포지션이 어떻게 되니?"

"제 포지션은 수비수예요. 수비하는 걸 좋아하거든요. 솔직히 아무도 수비하는 걸 원치 않아요. 다들 골을 넣고 싶어 하니까요. 골을 넣어야 영웅이 되는 법이죠."

"그런데?"

"하지만 축구는 팀 경기입니다. 난 알아요. 팀 승리를 위해 누군가는 수비를 해야 한다는 사실을요. 많은 축구 꿈나무가 공격수를 꿈꾸지만, 저는 수비로 잉글랜드에 진출하고 싶어요."

"잉글랜드가 너에게 기회의 땅인가 보구나."

대화를 나누는 도중 케빈은 고개를 숙였다. 십 대의 수줍음과 부끄러움이 얼굴에 그득했다.

"여기 생활은 고단해요. 더럽고, 위험합니다. 물, 음식, 위생, 모든 게 문제투성이란 말이에요. 매일 두통이 끊이질 않아요. 축구를 해야 잊혀질 것들이죠. 또 축구를 통하지 않고서는 다른 방법으로 현실을 헤치기가 어려워요. 교육이 가장 필요하지만, 보시다시피 한계가 명확해 희망을 제시해 주진 못해요. 제겐 롤모델이 없다고요. 보셨겠지만, 아무도 웃질 않아요. 미래가 빤하니까요. 매일 배는 고픈데 부모님은 일자리가 없어요. 아마 저도 그렇게 될지 몰라요. 대부분이 그렇죠 뭐. 이젠 정말 지쳤어요. 할 수만 있다면 다른 곳으로 이사 가고 싶어요."

"우린 이곳을 떠나고 싶습니다!"

옆에서 조용히 이야기를 듣던 친구들이 동요한다. 떠나고 싶다는 케빈의 말에 감정선이 격하게 떨리는 것을 느낀다. 어떻게 해볼 수는 없지만, 어떻게든 해보고 싶다는 미묘한 외침이 학생들의 목울대를 꼿꼿이 세우게 한다.

나는 순수하게 격려하고 싶었다. 그 어떤 측은지심의 발로가 아닌 녀석들의 꿈을 응원해 주고 싶었다. 작은 가슴으로 정말 해 줄 수 있는 게 없지만, 시혜적 자선이 아닌 조그만 마음을 나누는 것이 필요함을 느꼈다.

"케빈, 내가 너를 위해 해 줄 것이 별로 없어 미안해. 작은 정성이지만, 너와 네 친구들을 위해 학교에 축구공을 선물로 주고 싶은데."

반응은 예상을 한참 빗나갔다. 케빈은 힘없이 고개를 저었다.

"어차피 깡패들에게 뺏길 텐데요 뭘. 안 주셔도 괜찮아요."

"갱스터?"

"네, 깡패들이요."

케빈 옆에서 줄곧 이야기를 듣던 친구 중 하나인 마이클이 대화를 이어갔다.

"이곳에 갱단이 많이 있어요. 우리가 맞닥뜨리는 갱들은 주로 10대들로 이루

어져 있거든요, 아마도 뒤에 배후가 있을지 모르지만요. 어쨌든 우린 그들이 무서워요. 같은 나잇대인데도요. 총을 소유하고 있기 때문에 경찰도 절대 우리를 도와주지 못하거든요. 스스로 피하고, 조심하는 수밖에 없어요."

"그런데 왜 축구공을 받지 않겠다는 거니?"

"어차피 뺏기거든요."

"뺏기다니? 왜? 어떻게?"

"여기 주변에서만 8개 그룹 정도의 뭉기키mungiki, 범죄집단 갱단이 활동 중이에요. 그들은 매우 두려운 존재예요. 가끔 구호단체나 종교단체에서 우리에게 필요한 이런저런 용품을 주거든요. 그런데 어떻게 알았는지 그들이 와서 다 빼앗아 가더라고요. 주지 않으면 해를 입히기 때문에 어쩔 수 없이 줘야 합니다. 악순환이에요. 눈에 띄면 무조건 뺏기는 겁니다.

이곳은 쉼터가 없어요. 기댈 곳이 없고, 우리만의 공간이 없습니다. 혹 쉼터가 생긴대도 금방 갱들에게 뺏기겠지만요. 좋은 것들은 언제나 그들의 차지죠. 그래서 전 항상 꿈꿔요. 언젠간 지옥 같은 이곳을 벗어나리라. 나는 그들처럼 살지 않으리라. 우리 가족이 행복해졌으면 좋겠다는 생각으로 하루하루 보내고 있어요."

마이클은 여느 학생들과는 달리 의욕적인 태도였다. 역사책을 좋아하는 그는 외부인들이 주거나 남기고 간 책들을 읽는 재미에 푹 빠져있다고 했다.

"이곳에 있으면 세상이 어떻게 돌아가는지 몰라요. 바깥세상을 보는 방법은 책이 유일합니다."

나는 그들과 조금 더 친밀해지기 원했다. 하지만 누구도 이메일을 가지고 있지 않았다. 그도 그럴 것이 마을에는 단 한 대의 컴퓨터도 있지 않기 때문이다.

그러니 인터넷 사용법을 모르는 것도 당연하다.

"첫째도 둘째도 셋째도 축구만 생각해요. 그리고 우리 가족이 어서 이곳을 떠나기만을 기도해요."

마이클의 얘기에 여전히 자신감 없는 표정의 케빈도 고개만은 끄덕였다. 어느덧 티타임이 끝났다. 쉬는 시간 내내 시끌벅적하던 아이들이 일제히 교실 안으로 부산하게 들어갔다. 케빈과 마이클도 무거운 표정으로 다시 교실로 향했다. 대화를 마친 후 겉으로 드리워진 키베라의 암운이 실상은 훨씬 고단한 짐으로 그들의 어깨 위에 놓인 걸 알게 되었다. 언제쯤 이들이 내일을 생각하면서 밝은 미소를 지을 수 있을까. 아프리카에서 처음으로 격려품을 거절한 동네 키베라의 아이들. 그들의 마음을 조금이나마 헤아려보려고 노력해 본다. 나는 이렇게 잘 지내고 있으면서도 누군가의 누추한 삶에 대해서는 주의 깊게 살펴보지 않았다. 부끄럽고 미안하기만 하다.

키베라의 퀴퀴하고 음습한 기운 속에서 이들은 꼭 한 줄기 빛이 되어야 한다. 자신뿐만 아니라 다음 세대를 위해서라도 희망이 되어야 한다. 누군가는 기적을 만들어야 하고 기적이 모여 상식이 되어야 한다. 하늘과 맞닿은 수많은 녹슨 양철 지붕 사이로 저 멀리 나이로비의 위풍당당한 빌딩들이 보였다. 나는 그곳을 향해 오물과 쓰레기로 뒤범벅된 키베라를 뒤로하고 빠져나갔다. 내가 가는 길을 언젠간 케빈과 마이클이 밟을 수 있길 소망하면서. 작은 기적을 기도하면서.

하늘과 맞닿은 수많은 녹슨 양철 지붕 사이로
저 멀리 나이로비의 위풍당당한 빌딩들이 보였다.
나는 그곳을 향해 오물과 쓰레기로 뒤범벅된
키베라를 뒤로하고 빠져나갔다.
내가 가는 길을 언젠간 케빈과 마이클이 밟을 수 있길 소망하면서,
작은 기적을 기도하면서.

아사무크 난민촌에 나의 마음을……

"정부에서도 천대받고, 그렇다고 반군으로부터도 안전하지 않았어요. 그래서 멀리 피신해 온 겁니다. 이 생활이 벌써 몇 년째인지 모르겠어요."

더디긴 하지만 점차 발전 중인 우간다에서도 변방은 여전히 내전의 상처가 아물지 않고 있다. 오랜 내전이 빚어낸 비극의 상징인 소년병사의 아픔이 씻겨가고 있다지만, 소년병 출신의 어른들은 평생 그 상처받은 기억을 가지고 살아야 한다.

우간다에서 빈민들을 돕고 있는 기아대책 정하희 대원을 따라 아사무크Asamuk 난민촌을 찾았다. 전날 인근에서 가장 도시다운 형태를 갖춘 소로티Soroti에서 모기장을 구입했었다. 이번엔 행여 구호단체로부터 후원받은 물품을 불법

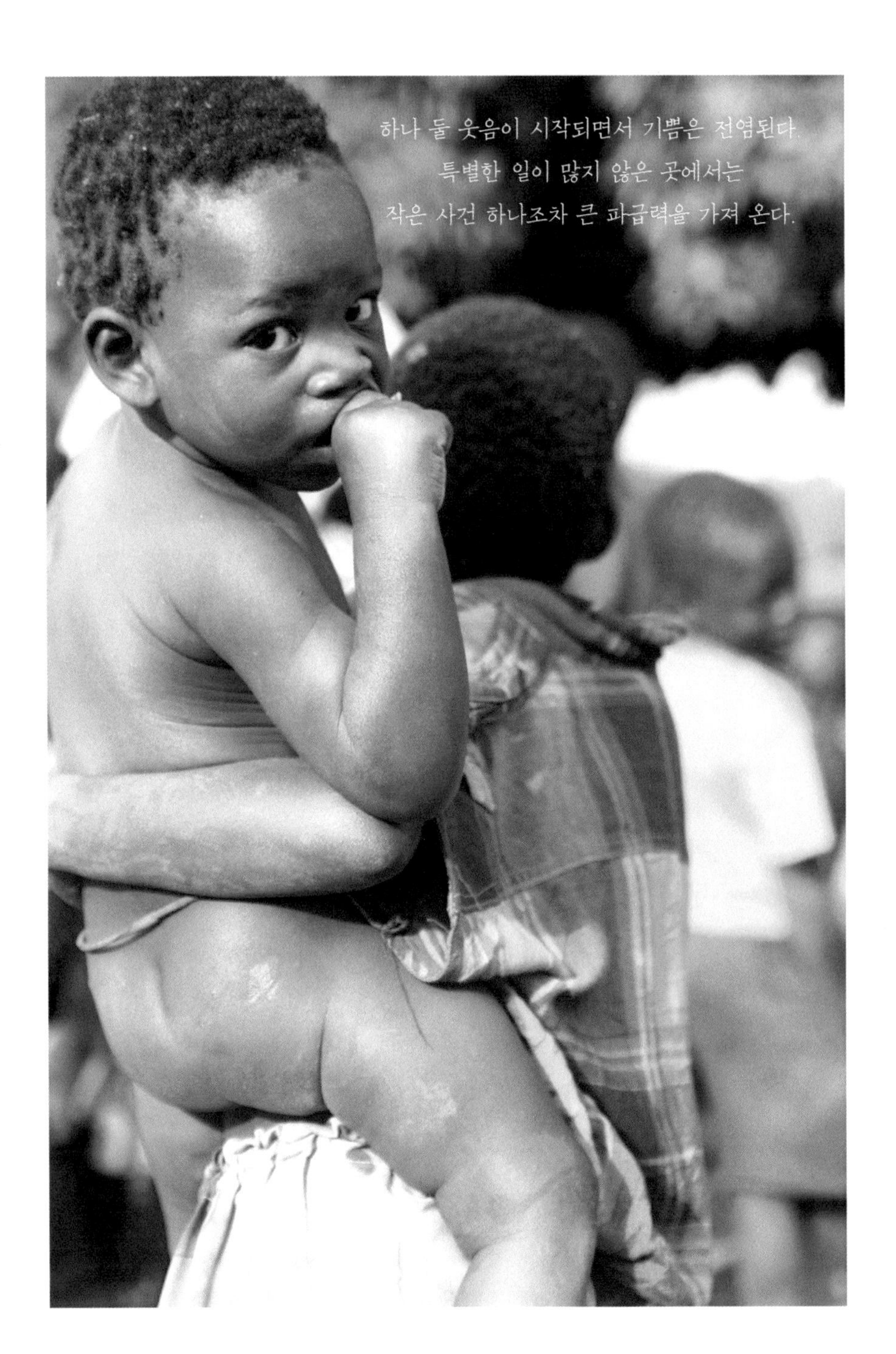

하나 둘 웃음이 시작되면서 기쁨은 전염된다.
특별한 일이 많지 않은 곳에서는
작은 사건 하나조차 큰 파급력을 가져 온다.

으로 빼낸 건 아닌지 자세히 봐야 했다. 다행히 수도 캄팔라Kampala에 있는 모기장 공장으로부터 공급받는 것임을 확인했다.

아프리카 3대 호수 중 하나인 빅토리아 호수를 끼고 있는 까닭에 이곳은 모기들의 온상지다. 최근에는 빅토리아 호수 주변 경제가 발달하면서 수질이 급격히 악화되었다. 하여, 수중 생물에 기생하는 악성 박테리아가 창궐해 호수로부터 직접 물을 끌어다 쓰는 이들에게 심각한 질병을 초래해 문제점이 된 바 있다.

고맙게도 아사무크 사람들이 환대해주었다. 로컬 카운슬러로 활동 중인 오키리아가 우리를 반겼다. 올해 마흔일곱의 그는 내전의 상처를 또렷이 기억한다. 더 이상의 고통을 피하기 위해 이곳에 피신해 온 이래 지금은 부지런히 마을의 대소사를 맡아보고 있다. 만면에 웃음을 띤 그는 우리가 난민촌을 도우러 온 첫 외지인이라고 했다. 정부의 무관심 속에 버려진 이들의 삶의 냄새가 코끝에 걸쳐 아릿하게 자극한다.

지체할 시간이 없었다. 차에 한가득 싣고 온 모기장을 쳐야 했다. 일단 마을 회관으로 사람들을 불러들여 간단히 프레젠테이션을 한 뒤 돌려보냈다. 모기장을 직접 쳐주기 위해서다. 강의 후엔 계획에 없던 일이 일어났다. 젊은 지원자들이 여기저기서 도움을 주겠다고 나선 것이다. 보수 없이 노동을 제공하며 나눔에 참여하겠단다.

"우리 마을에 도움을 주러 왔는데 당연히 우리도 함께해야지요."

남자들은 일사불란하게 움직였다. 땀을 흘리는 데 내가 빠지면 안 된다. 한 명이 움직이면 일이지만 여럿이 움직이면 희망이 된다. 하나둘 웃음이 시작되면서 기쁨은 전염된다. 특별한 일이 많지 않은 곳에서는 작은 사건 하나조차 큰

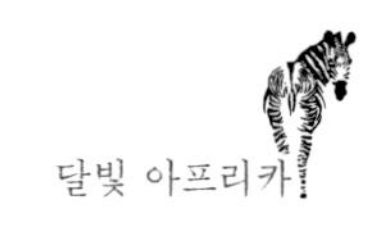

파급력을 가져온다.

햇빛이 잘 들어오지 않아 먼지가 풀풀 나는 집 안엔 으레 그렇듯 앓아누워 있는 노모가 있고, 아직 젖도 떼지 않은 아이들이 있다. 그런 상황을 다들 품어주며 12명의 남자들은 바삐 돌아다녔다. 나는 배분이 잘 되고, 또 설치되고 있는지 검사만 하면 될 일이었다. 덕분에 일이 수월하게 풀렸다. 예상 시간보다 일찍 일을 끝낼 수 있었다. 오랜 시간 누구의 보살핌도 없이 쫓기고 버려진 생활을 해야 했기에 이들의 눈빛은 구원을 기다리는 소망으로 가득했다. 그래서 구호 활동을 할 시엔 내가 남보다 낫다는 권위의식으로 누군가를 도와선 안 된다. 우리가 인격적으로 동등한 자격이며 나눈다는 마음을 가져야 한다.

"모기장 설치하면서 오랜만에 마을 사람들 앞에서 위신을 세우고 칭찬받으니 일도 열심히 하게 되는군요."

오키리아가 함박웃음을 짓자 옆에 있던 청년 에실로토도 따라 웃는다.

"나는 그의 모든 것이 좋아요."

"왜 그러지?"

"그는 마을을 위해 항상 노력을 아끼지 않으니까요. 바로 우리 아빠거든요."

생각보다 이른 마감과 고마운 마음에 나는 답례로 식사를 대접하기로 했다. 언제 한 번 마음껏 고기를 즐기지 못했을 터였다. 차 두 대를 동원해 난민촌으로부터 30여 분 떨어진 조그만 동네에 갔다. 우리네 시골 면 단위 크기지만 차나 대중교통이 없는 이들로서는 쉽게 방문하기 어려운 곳이다.

늦은 점심으로 고기가 들어간 식사와 음료를 주문하고 더 먹고 싶은 사람들에게 부담 주지 않기 위해 마음껏 들라고 신신당부했다. 그렇게 왁자지껄 흥겨운 식사를 마치고 계산대 앞에 섰다. 놀란 토끼 눈이 된 나는 가격을 되물었다.

"정말이에요? 이거 맞는 가격이에요?"

"맞아요. 35불입니다."

장정 12명이 먹었는데도 이 정도의 금액이 청구되었을 뿐이었다. 기분 좋게 계산하고 나오는데 한 남자가 뒤에서 내 어깨를 툭툭 치는 것이었다. 모기장 설치할 때 땀 뻘뻘 흘리며 짐을 날랐던 순박한 얼굴의 루벤이었다. 그는 매우 걱정되는 표정이었다. 그리고는 영문을 모르는 내게 조심스럽게 물어 왔다.

"오늘 우리에게 너무 큰돈을 쓴 거 아닌가요?"

아차, 싶었다. 아무렇지 않게 대접한 한 끼 식사라 가벼이 여겼다. 그런데 실은 그들에겐 결코 가벼운 문제가 아니었다. 열흘을 일해야 벌 수 있는 돈이었기 때문이다. 잠시나마 행복해하는 그들의 얼굴을 보면서 교만해진 나머지 나는 그들의 현실을 너무 가볍게 생각해버렸다. 실수였다. 남자에게는 그저 괜찮다는 말뿐이 할 수밖에 없었다. 그러나 그 남자는 나에 대한 걱정의 보따리를 매고 식당 문을 나섰으리라.

이 일이 있었던 후 나는 현지인들에게 식사를 대접할 땐 항상 보이지 않게 계산하곤 한다. 나눔도 중요하지만, 행여 위화감이 생기지 않도록 조심하는 것 또한 중요하다. 아사무크 난민촌 전체를 도울 순 없었지만, 마을 청년들의 발 빠른 대처와 적극적인 협력으로 성공적인 모기장 구호 활동을 마칠 수 있었다.

"다음에 오면 혹시 학교 하나 세워줄 수 있을까요?"

교실이 없어 밖에서 수업하는 선생님이 잠시 수업을 중단시키고는 내게 물어왔다. 그 물음은 내가 아프리카를 품는 마음의 열정이 사그라지지 않게 만들었다. 그들 안에 소망이 꺾이지 않는다면 분명 이루어질 것이다. 다시 가슴이 뛴다.

"다음에 오면 혹시 학교 하나 세워줄 수 있을까요?"

……

그들 안에 소망이 꺾이지 않는다면 분명 이루어 질 것이다.

다시 가슴이 뛴다.

빼앗긴 조국을 잇는다

캄팔라 버스정류장에 밤이 내렸다. 위험하다는 현지인의 충고가 있었음에도 버스 시간에 맞춰 밤늦게 터미널에 당도했다. 케냐를 벗어나고선 안전을 고려해 잠시 자전거 이용을 하지 않고 있다. 늦은 도착에도 3시간이나 일찍 와버렸다. 달리 할 일이 없다. 밝은 형광등 밑 계단에 앉아 하릴없이 시간을 보낸다. 기다리는 것도 지칠 무렵, 나의 자양강장제인 콜라 한 잔 마시러 간이 슈퍼에 갔다.

계산대 앞에선 여자 종업원이 계산하랴, 서빙하랴 부지런을 떨고 있었다. 그녀에게 말 한마디 건네기 미안할 정도다. 손님 몇을 상대하고 나서야 내 차례가 왔다. 그녀는 바쁘면서도 만면에 미소가 가득하다. 나를 보자 어색한 발음의 영

어로 말문을 열었다.

"커피? 빵?"

"콜라 하나 주세요."

나는 냉장고를 가리키며 손짓을 했고, 그녀는 콜라를 건네면서 발랄한 표정으로 다시 물어 왔다.

"어디서 왔어요?"

"한국에서 왔습니다."

"난 콩고 사람이에요. 도망쳐 나왔어요."

물어보지도 않았는데 뜻밖의 대답이었다. 호기심이 발동했다. 밤 9시에 일이 끝난다기에 30여 분 정도 기다리겠다고 했다. 어차피 버스는 11시 출발이다. 잠시 후 그녀가 일을 마치고 나와 함께 계단에 걸쳐 나란히 앉았다.

"제 이름은 엔젤이에요. 콩고에 있을 때 부모님이 죽었어요, 군인한테요. 그래서 딸 조이만 데리고 피난 왔어요. 정말 끔찍했어요."

헤어 가발 속에 그녀는 짐짓 슬픈 표정이지만 이내 밝은 온기를 되찾았다. 나는 그녀에게 차파티와 차를 대접했다. 일당 4.5달러를 버는 그녀로서는 자신이 일하는 상점에서 무엇 하나 사 먹기가 쉽지 않다. 그녀는 차에 설탕 3스푼을 넣었다. 건강에 좋지 않다며 걱정스럽게 바라보자 그녀가 대꾸했다.

"그런 당신은 콜라를 마시잖아요?"

그녀의 얘기는 계속되었다.

"콩고는 정말이지 아름다운 땅이에요. 어린 시절엔 마을 친구들과 강에서 놀기도 하고, 다툼 없이 참 평화로웠어요. 그런데 이젠 갈 수도 없을뿐더러 가고 싶지도 않아요. 언제부터인지 치안이 불안해지기 시작했어요. 한 번 군인들이 마을에 들어왔다 하면 아비규환이 되었어요. 같은 종족이라도 갖은 트집을 잡아 괴롭혔거든요. 먹을 것조차 없는데도 군인들이 쳐들어와 돈을 달라고 요구하고, 그에 불응하면 바로 즉결조치를 가했어요. 죽이는 건 손쉬운 일이에요. 여자들은 버젓이 남편이 있어도 성 노리개가 되기도 했고요.

우린 의지할 곳이 없었어요. 정부는 군인들과 겉으로만 타협하느라 우리를 보살피지 못했고, 공공기관은 총 앞에서 그저 시각장애인이나 청각장애인이 될 뿐이었어요. 콩고에서는 군인이 곧 법입니다. 콩고에 가고 싶다고 그랬죠? 아마 당신이 자전거를 타고 콩고에 들어간다면 이것 하나만은 확실해요. 입국심사대를 지나치자마자 현지인들은 당신의 나체쇼를 관람할 수 있을 겁니다."

실제로 콩고 주변 국가에는 수많은 피난민들이 국경을 넘어와 피신해 있었다. 나는 구호단체와 각국 선교사들의 비호 아래 난민들이 집단을 이루며 임시 막사에서 살고 있는 걸 목격했다. 그녀의 바람이 듣고 싶었다.

"지금 생활로는 조이 학교 보내기도 힘들어요. 제 바람은 그저 딸과 행복하게 사는 것뿐이에요. 기회가 된다면 영국에 가고 싶어요. 아프리카인들에게 그곳에서 사는 것은 최고의 꿈이거든요. 그곳에만 간다면 난 뭐든지 할 수 있을 거예요. 바꿔 말하면 할 줄 아는 게 없거든요. 왜냐하면 콩고에서 배운 게 아무것도 없어요.

이곳 우간다는 잠시 살아가는 기착지일 뿐이에요. 르완다에는 일자리가 없고, 케냐로 가기엔 돈이 없어요. 지금은 비록 어렵지만, 이곳을 빠져나갈 수만 있다면 절대 기회를 놓치고 싶지 않아요. 우리 딸 조이를 생각해서 라도요."

엔젤은 얘기 도중 우간다 남자에 대해서는 극도의 불신을 보였다. 짐작건대 아이의 아빠가 우간다 남자일 개연성이 농후했다. 그녀는 심각한 대화 중일 때

도 내내 웃음을 잃지 않았다. 우간다에 거처를 마련한 뒤로는 어느 정도 마음의 여유를 찾은 듯 보였다. 특히 딸 얘기를 하면서는 자부심이 대단했다. 영어를 잘하는데 반에서 늘 상위권이란다. 자식 공부는 세상 어느 부모나 한결같이 삶의 주된 관심사다. 삶에 대한 결연한 의지는 오로지 딸을 위한 모정의 산물일 뿐이다.

엔젤이 자리를 털고 일어나자 나는 그녀에게 조이가 좋아하는 음식을 물었다. 괜찮다던 그녀에게 몇 번 더 제안을 하자 그녀는 마지못해 손가락으로 사과 주스를 가리켰다. 하루 일당의 반값이나 되는 비싼 가격이니 엄두를 내지 못했을 것이다. 나는 그녀에게 사과 주스와 비스킷을 사주며 안녕을 고했다. 그녀는 몇 번이나 고맙다는 말을 하며 집으로 발걸음을 돌렸다. 크고 따뜻한 조이 엄마 목소리였다. 아마 캄팔라 버스터미널에 다시 오게 된다면 그녀를 쉽게 볼 수 있을 것이다. 만약 그녀가 없다면 자신의 바람대로 어디론가 떠나 있을 것이다.

르완다행 버스에 몸을 싣고 출발을 기다리는데 전화벨이 울렸다. 휴대폰 단말기를 구입해 나라를 이동할 때마다 칩을 바꿔 끼워 사용하고 있었으므로 연락하는 사람들과 소식 나누기가 용이했다. 기대하지 않았는데 놀랍게도 엔젤이었다. 그녀가 잠시 기다리라고 했다.

“미스터 문이시죠? 주스 잘 받았어요, 고마워요.”

듣자마자 알아챈 반가운 목소리였다. 그저 인사치레로 건넨 전화번호에 그녀는 집에 잘 도착했다며 딸에게 연락을 권유한 것이다. 조이의 목소리는 너무 또랑또랑했고, 영어 발음도 썩 훌륭했다. 좋았고, 또 괜히 뭉클해졌다. 아이는 예쁜 목소리로 내게 여행 잘하라며 격려해 주었다. 그렇게 엔젤과의 인연은 국경을 넘으면서 아쉽게 끝이 났다.

"그래, 열심히 공부해서 꼭 네가 원하는 꿈을 이루렴."

흔해 빠진 이야기지만, 조이와 통화하면서 해주었던 유일한 말이다. 엔젤의 희망인 조이, 조이의 희망인 엔젤, 모녀가 투명한 수채화 같다. '천사' 옆에 늘 함께하는 '기쁨'이란. 콩고의 혼란은 언제까지 이어질까? 엔젤이 다시는 고향 콩고를 갈 수 없는 날들이 계속될까? 콩고를 가보려던 내 기대는 엔젤을 만나면서 깨끗이 접어야만 했다. 그러나 영국에 가고 싶다는 엔젤의 꿈만큼은 꼭 이루어지기를 바랐다.

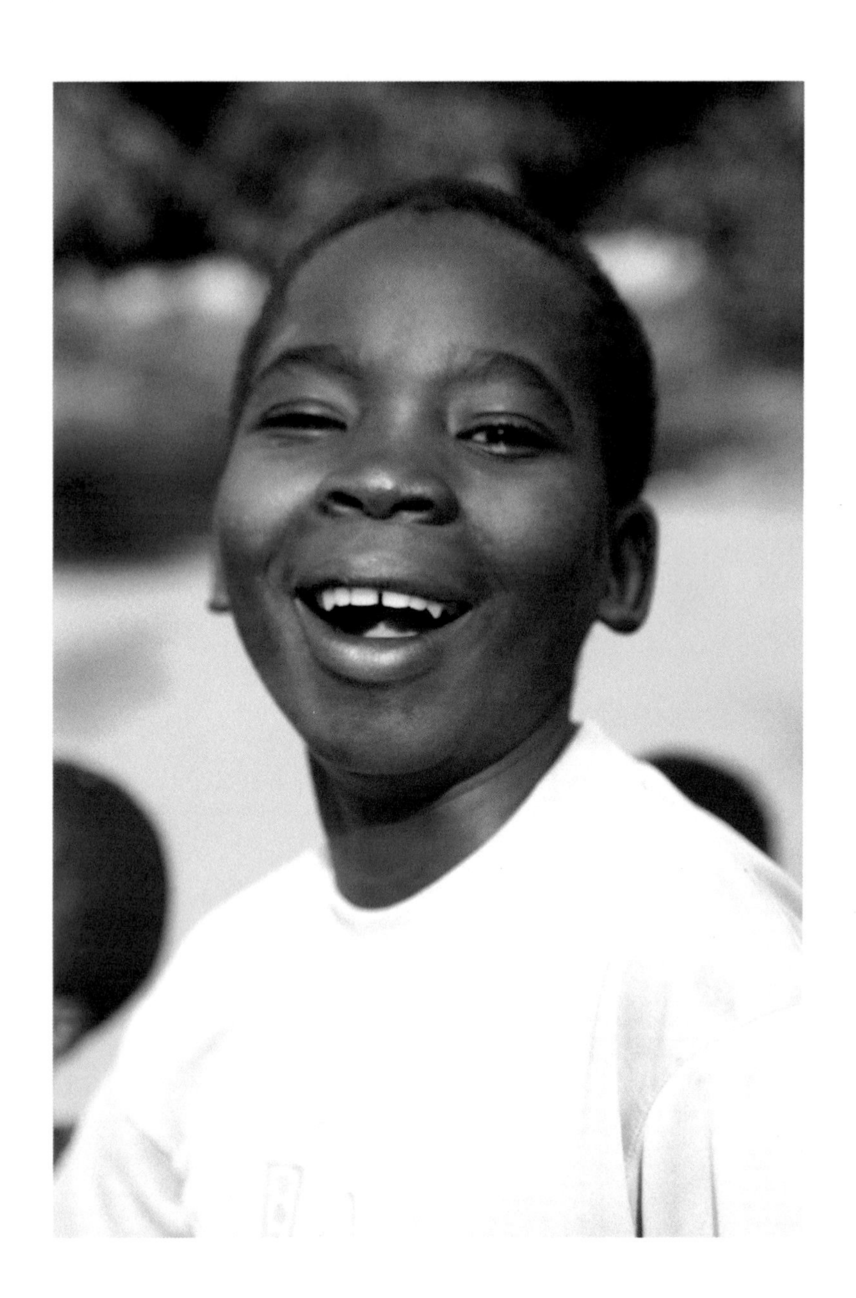

피그미족은 이제 어디로?

집을 들어가 보니 가만히 서 있을 수가 없었다. 그렇다고 누울 수도 없었다. 사방이 내 키보다 작았다. 창문 하나 없는 흙집, 안에 들어가면 보이는 것은 단 하나도 없었다. 지붕엔 자라다 만 말라빠진 박이 있었고, 물을 얻기 위해선 마을 공동 우물로 가야 했다. 화장실은 훈련할 때 쓰는 군대 야전식과 똑같았다. 땅을 파고, 둘레엔 나무 막대를 꽂아 천을 이어 가림막으로 삼은 게 끝이다. 정화조 시설은 물론 없었다. 대변이든 소변이든 적나라하게 노출된 남의 것에 덧대 볼 일을 봐야했다. 수많은 모기떼들의 거친 협공을 견뎌내면서 말이다. 성인 남녀 평균 신장이 140cm 내외인 이들의 주거 환경은 열악하기 짝이 없었다. 피그미 족 얘기다.

피그미 족들은 국제 사회로부터 아무런 관심과 보호를 받지 못하고 있다. 부족 간 또는 나라 간 자원 전쟁의 가장 큰 피해자로 콩고 밀림에서 무차별 살육과 강제 추방을 당하는 실정이다. 왜소한 이들을 아예 종족으로도 인정하지 않는 차별과 존엄성 훼손이 아프리카에서는 뿌리 깊게 만연되어 있다. 콩고 군인들이 이들을 잡아다가 인육을 끓여 먹는다는 끔찍한 얘기가 언론에 알려지기도 했다. 정력에 좋다는 미신 때문이다.

르완다 정부는 최근 심혈을 기울여 경제개발 계획에 착수해 산업에 근간을 이루는 제반 시설을 정비하고 있다. 폴 카가메 대통령이 바라는 롤 모델은 다름 아닌 한강의 기적을 이룬 한국이다. 때문에 가난을 극복하고자 경제성장에 대한 열망이 강하다.

현재 우리나라 KT가 들어와 르완다 인터넷망을 혁신적으로 구축하고 있고, 영토가 작은 이점을 살려 각종 건축, 토목 건설이 활성화되어 도시기반이 급속도로 마련되고 있다. 키갈리 시내에는 24시간 불이 꺼지지 않고, 르완다 내전 이후 국민 모두가 상처를 잊고 빨리 경제를 일으켜야 한다는 분위기가 팽배해 있다.

이 상황에서 가장 소외되는 종족이 바로 피그미족이다. 르완다에 거주하는 이들은 백척간두의 사정이다. 물론 부룬디나 탄자니아, 우간다 등에 마련된 난민촌 사정 또한 크게 다르지 않다. 점진적인 도시개발의 여파로 이들이 살고 있는 마을이 사라질 위기에 처해졌다. 정부가 다른 마을로 이전시켜준다는 공언을 했지만, 보상금 한 푼 받지 못하는 등 이미 몇 차례 약속을 깨뜨린 전력이 있다. 이들은 다른 종족과 부딪히지 않는 순한 민족성을 가지고 있다. 어디에서든 터만 주어지면 조용히 농사를 짓고 살아갈 정도로 성격이 온순하다. 주거 문제로 부족이 쫓겨날 위기에 처하자 그나마 용기를 낸 피그미 족 대표가 눈물을 삼키며 항의를 했던 적이 있긴 했다. 하지만 돌아오는 건 싸늘한 주검일 뿐이었다. 목소리 한 번 낸 대가치고는 너무 가혹했다. 이후 정부 측에 감히 항의 한 번 제대로 하지 못하고 있는 안타까운 상황이다.

도심에서 멀찌감치 떨어진 곳에 거주하는 이들의 마을 뒤편으론 옥수수밭이 일구어져 있었다. 사실상 이들이 도심에 나가 할 수 있는 일이 그리 많지 않다. 있더라도 인간적인 대우나 보수를 기대하기 힘든 허드렛일뿐이다. 피그미족을 도울 수 있는 방법 중에 하나는 염소나 닭 따위의 가축을 분양하는 것이다. 기르기 쉽고, 빠르게 인간에게 유익을 주기 때문이다. 이들의 생계에 가장 도움이 될 수 있는 방안 중 하나다. 이 일을 한국에서 온 김보혜 선교사가 혈혈단신으로 하고 있었다. 나 역시 가만히 있을 순 없었다. 비록 며칠 머무르지 않고 떠나지만, 내가 머문 마을만큼은 무관심으로 일관하고 싶지 않았다. 해서 모기장을 구입해 각 가정에 설치해 주고, 작게나마 그들을 위로했다. 아프리카를 여행하는 내내 내가 사는 한국이라는 나라에 감사하게 되었다. 그리고 그 감사를 나누는 것이 인간애의 마땅한 자세라고 생각한다.

이들에게는 이렇게 이따금 물적 도움을 줄 수 있지만 언제까지 이들의 인권이 존중될지는 모른다. 아프리카에 수많은 현지인들이 눈물을 흘리고 있지만 피그미족의 눈물은 특별하다. 그들은 지금 종족 멸망 위기에 처해있기 때문이다. 이제 피그미족은 어디로 가야 할까? 자신들의 터전이었던 밀림에서 쫓겨나 점점 더 척박한 땅으로 내몰리는 그들. 더 이상 성장의 논리에 무참히 짓밟힌 그들의 아픔이 없었으면 한다. 다 같이 잘 살 수 있는 아프리카의 내일은 정말 요원한 일인걸까?

특별함이 평범함이 되고

서글서글한 눈망울들이 일제히 나를 향했을 때 느껴지던 서슬 퍼런 발광發狂의 역사는 일개 여행자가 이해하고 받아들이기엔 실로 참담한 광경이었다. 부룬디로 넘어온 이후 모처에서 내전을 피해 탈출한 콩고 난민들을 만났다. 이방 땅에서 아무것도 하지 못하고, 할 수도 없는 그들의 삶은 유령 신세나 다름없었다. 그래도 더 이상 살기 어려운 땅에서 살아가지 않아도 된다는 믿음은 그들에게 위로가 되었나 보다. 그토록 신 나는 음악이 그렇게 슬피 들릴 수가 없었다. 노래를 부르는 건지 한을 풀기 위해 악을 쓰는 건지 헷갈릴 정도다. 그 마음 왜 모를까? 가족과 터전을 잃었는데……. 살았다는 단 하나의 사실에 기뻐해야 하는 야멸찬 현대사다.

계속 비가 내리는 궂은 날씨 속에서도 모기장을 설치하고 탄자니아로 내려왔을 땐, 탕가니카 호수를 건너온 콩고 난민들을 만나는 데는 실패했다. 이들을 적극적으로 돕고 있는 구호단체들에게는 방문허가증이 주어지는데 내겐 없었기 때문이다. 대신 탄자니아 서부 키고마에서 지역사회를 위해 봉사하고 있는 미국의 크리스 가족을 만났다. 이들과는 이미 르완다에서 만난 적이 있었다. 이들은 백인임에도 무엇보다 인종과 민족 차별에 대해 굉장히 민감하게 반응하고 있었다. 자신들이 돌보는 흑인과 피그미족들을 생각함이 우선인 까닭이다.

크리스 가족은 이곳에서만 20년을 살며 원주민들에게 매일 식량을 배급하고, 이들의 처우를 개선하는 데 힘써왔다. 그들에게도 콩고 난민과 피그미족은 현지의 난제였으며 한 달에 한 번은 다른 기관들과 연합해 직접 콩고에 들어가 주민들의 사정을 살피고, 구제활동을 이어나가며 관심을 두고 있는 중이었다. 사람들 눈에 보이지 않아도 누군가는 끊임없이 아프리카의 삶을 환기시키고, 안아주고 있었다. 그들의 헌신적인 구제활동에 깊은 인상을 받았다. 그러므로 나에게 주어진 일을 더욱 성실하게 해나가야 할 의무에 대해서 점검하는 시간이 되었다. 나는 다시 케냐를 거쳐 에티오피아로 가기 위한 준비를 했다.

다시 다르에스살람을 거쳐야 했다. 키고마에서 다르에스살람까지 가는 기차와 버스는 하루 한 대 뿐이다. 그나마도 기차표는 항상 매진이었다. 저렴하기 때문이다. 버스표도 하루를 기다린 끝에 취소된 좌석 하나를 겨우 구했으니 출발하는 데만 이틀이 걸렸다.

그런데 이 버스, 참으로 공포스럽기 짝이 없었다. 일단 늘 그렇듯 그들 특유의 체취가 가득했다. 가뜩이나 폭염에 습도까지 높은데 이들의 훈련소 화생방 훈련을 방불케 하는 암내와 땀내에는 도저히 버텨낼 재간이 없었다. 정신이 혼

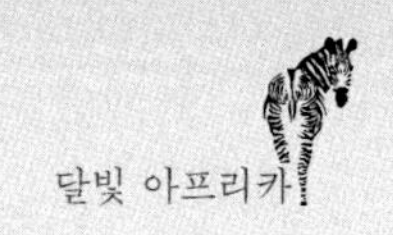

미해지는 때를 틈타 그냥 자 버리는 게 상책인데 냄새가 하도 강해 오히려 불면에 시달릴 정도였다. 또한, 버스 역시 누가 보면 이삿짐 나르는 트럭으로 착각할 정도로 난리법석이었다. 짐칸과 내부 선반에는 이미 각종 짐으로 빼곡했다. 그나마 공간이 남았던 의자들 사이 통로에는 묶어서 놓아둔 닭이 날개를 푸드덕거리며 틈만 나면 꼬꼬댁 소리를 외쳐댔다. 누구 하나 토 다는 이는 없었다. 누군가의 피곤에 찌든 가녀린 삶을 이해하고 공감하기 때문이다. 다들 같은 처지니까.

포장과 비포장도로를 교차하면서 지루하게 달리는 건 애교로 봐 줄 만했다. 의자가 딱딱해 허리에 전해지는 통증도 이해한다고 백 번 양보해서 억지 순응하려고 해본다. 의자가 젖혀지지도 않아 밤새 불편한 자세로 무거운 눈꺼풀을 감았다 떴다를 반복했음에도 불구하고 말이다.

압권은 다른 곳에 있었다. 전날 오후 늦게 출발한 차는 다음 날 저녁에야 도착했다. 무려 26시간에 이르는 대장정이었다. 하지만 버스엔 화장실이 없지 않은가. 차는 딱 세 번 정차했다. 재미난 에피소드를 위한 농이 아니다. 말이 세 번이지 신진대사가 활발히 일어날 때면 그만큼 곤혹스러운 것이 없다. 나는 무덤덤한 승객들의 표정에 놀랐다. 어떻게 버티는지 신기할 따름이었다. 버스가 정차할 때마다 언제나 총알처럼 가장 먼저 튀어 나간 건 바로 나였다. 혹여 세균 때문에 설사라도 할까 봐 마음 놓고 음식을 먹지도 못했다. 그저 콜라만이 진리였다. 그러니 버스 안에서 내내 배가 고팠다, 눈물 나게!

후끈 달아오른 열기에 아기가 보채며 자지러지게 우는 소리, 닭이 홰를 치는 소리, 사람들의 체취와 각종 음식물들의 냄새. 아프리카의 버스는 모든 것의 혼란 속에 거짓말처럼 평화로움을 유지했다. 26시간의 시간은 정말이지 아득했고,

다르에스살람과 아루샤Arusha를 거쳐 다시 나이로비까지 갈 때까지 나는 비슷한 체험을 반복해야만 했다. 그리고 5일 만에 완전히 녹초가 되어 버렸다. 다시 하라면 못할 일이다. 차라리 자전거를 밀고 모잠비크 북부를 지나면 지났지.

부룬디부터 케냐로 다시 돌아오는 여정은 그저 몇 글자의 글로만 다할 수 없는 특별함의 연속이었다. 하나 현지인들에겐 일상이었다. 피난 온 가족들에도, 저들의 빈곤한 삶에도, 오랜 버스 여행에도, 이들은 숙명을 담담하게 받아들이며 바보처럼 버티기만 했다. 힘이 없었다. 지식도 없었다. 이들의 깨질 것 같은 투명한 순수함에 되레 울화가 치밀어 올랐다. 왜 착함이 바보가 되어야 하는가? 왜 순수함이 힘 있는 자들에게 이용당해야 하고, 어리석음이라 지탄받아야 하는가? 우리는 착함과 순수함을 열등한 상태로 보지 않아야 한다. 오히려 이것들을 적극적으로 지켜내야 한다. 아프리카는 착함과 순수함의 최후 보루다.

이후 1,800여 개의 모기장을 추가로 설치했다는 사실과 함께 너무 많은 일들이 일어났다. 나의 특별함과 원주민의 평범함은 결국 같은 것이었다. 그래서 부룬디부터 진행되어 온 일들은 그냥 하루하루 살아가는 기록을 남긴 담담한 일기가 되어 버렸다. 그들의 몹시도 평온한 일상이, 평범한 하루가 시작되는 날들을, 나는 기도하는 것으로 작별을 고했다.

야생의 하이에나를 만나다

케냐와 에티오피아의 사이는 썩 좋지 않다. 케냐는 자신들이 아프리카의 진정한 리더라고 생각하고, 에티오피아는 자신들은 블랙 아프리카와는 거리가 먼 커피색 피부를 가진 우월한 종족임을 자부한다. 둘 사이의 국경 출입은 베테랑 여행자들마저 쉬이 간파하기 어려울 정도다. 결국, 복불복에 따라 향방이 갈린다.

나이로비의 주재 에티오피아 대사관에 들렀지만 보기 좋게 비자 발급을 거절당했다. 케냐에서 에티오피아로의 육로 입국을 불허한단다. 자전거 여행이라 사정 좀 봐달라고 했더니 콧방귀를 낀다. 죽으려고 환장했구나, 라는 표정이다. 분명 비자를 발급받았다는 한 여행자의 블로그 글을 확인하고 왔다고 말해도 막

무가내다. 행정처리가 멋대로다. 항공을 이용하면 갈 수 있다는 냉연한 태도만 취할 뿐이었다. 여정을 이어가기 위해선 별 수 없었다. 눈물을 머금고 비행기 티켓을 끊어야 했다.

TV 다큐멘터리에서 종종 보는 아프리카 세렝게티에선 맹수의 왕 사자도 뒷걸음치게 만드는 동물 무리가 등장한다. 가만 보니 보츠와나 오카방고 삼각주에서는 빠르기로 소문난 치타마저도 일대일 싸움에서 처참하게 패해 다리가 부러진 전력이 있다. 상대를 압도하는 눈빛, 기분 나쁜 탁한 숨소리, 지옥의 사자라고 불리는 하이에나다.

'하이에나 떼와 조우하며 먹이를 줄 수 있는 곳, 격한 아드레날린 분비를 원한다면 하라르Harar로!'

대사관에 비치된 영문 가이드북을 참고하던 나는 순간 멈칫했다. 대관절 하이에나처럼 성질 사납기로 소문난 맹수에게 직접 먹이를 주다니! 한 번 물리면 정말로 뼈도 못 추리는 악력 대마왕에게 말이다!

소말리 반도를 가까이 두고 에티오피아 동부에 위치한 유적 도시 하라르는 이슬람 문화로 유명하다. 특히 도시 구석구석에 세워진 조그만 이슬람 사원은 앙증맞은 건축미를 자랑한다. 나는 수도 아디스아바바Addis Ababa에서 불편한 좌석의 미니버스로 14시간 이상 가야 하는 고통을 기꺼이 감내했다. 그렇다. 비자 거절에도 불구하고, 자전거까지 두면서 여기까지 온 이유, 바로 야생 하이에나를 보기 위해서였다.

도시를 둘러싸고 성문들이 있었다. 이 성문 밖은 도시로 들어오는 입구를 제외하고는 자연 그대로의 모습이 펼쳐진다. 성문 꼭대기에서 바라보니 사방이 산으로 둘러싸여 있다. 밤마다 하이에나의 거친 울부짖음이 들려도 이상하지 않을 형세다.

나라 자체가 워낙 먹을 것이 궁하다. 근 한 달 동안 수도 없이 먹은 에티오피아 전통 음식 인제라Injera도 물릴 지경이었다. 아프리카에서 최악의 위생 상태에 노출되어 온몸에 벼룩을 물리고 나니 더 이상 여행의 낙이 사라지고 목적이 없어졌다. 이때 잠들어 있던 모험 본능을 일깨운 것이 바로 달밤에 하이에나를 마주하는 것이었다.

그런데 하라르에 도착하자마자 예상치 못한 사건이 터졌다. 하이에나가 도심 한복판에 출몰한 것이다. 부상을 입었는지 몸을 제대로 가누지 못했지만 거친 숨을 몰아쉬다 포효라도 하는 장면에선 악마의 기개가 느껴졌다. 몰골만 보면 기분 나쁜 게 꼭 좀비를 보는 기분이었다. 사람들은 혼신의 힘을 다해 도망쳤다. 수백 명의 사람들이 모여들어 부상 입은 하이에나를 구경하다 녀석의 조그만 움직임에도 혼비백산해 도망가는 우스운 꼴이란. 다들 '설마 이 수백 명 중에 내가 공격당하겠어?' 하는 안일한 표정들이다.

신고를 받고 달려온 포크레인 차가 한동안 하이에나와 씨름을 했다. 시민들의 안전을 위해 온 것이다. 부상당해 걸음조차 불편한 하이에나가 굴복하여 포크레인 속으로 거두어질 때 사람들은 환호했고 나는 왠지 약간의 불편함을 느꼈다. 거대한 문명 앞에 힘없이 고꾸라지는 한 생명의 어찌해 볼 수 없는 무력감 때문이리라.

저녁에는 성문 밖으로 가이드를 고용해서 나갔다. 사실 혼자서도 갈 수 있는 거리와 위치지만 초행인 데다 투어비용이 저렴해 안전한 선택을 한 것이다. 성문 밖의 밤은 마치 공포 영화의 한 장면처럼 스산하고, 샛노랗게 물든 달은 교교하기만 했다. 목적지에 닿기도 전에 멀리서 부산을 떨며 킁킁대는 무리의 그림자가 비췄으니 그들이 바로 하이에나였다.

가이드 안내에 따라 나무 아래에 앉아 있자니 10마리의 하이에나가 하나둘 내게 접근해 왔다. 슬금슬금 다가오다 별안간 눈이 딱 마주치는데 오금이 저려오고, 눈앞이 캄캄해졌다. 내가 보쌈이나 치킨으로 보일까. 까딱하다간 이제 병풍 뒤에서 가족들을 만나나 싶었다.

"괜찮아요, 물진 않을 거예요. 여기 고기가 있으니 한 번 줘 보세요. 웬 겁이 그리 많아요?"

하이에나를 애완견 다루듯 하는 하이에나 맨[피딩하는 사람의 명칭]은 이런 내가 우스꽝스러운지 연신 놀려댄다. 데면데면하지만 다리가 후들거리고 손이 덜덜 떨리지 않는 게 더 이상한 일이다. 하이에나의 별명은 지옥의 숨소리다. 생김새도 지옥에까지 따라올 것 같은 포스가 느껴져 공포감을 주는데 숨소리까지 굉장히 거칠고 음산하기 짝이 없다. 그래도 여기까지 온 이상 시도하지 않을 수는 없었다.

다행히 하이에나들은 고기에만 신경을 쓸 뿐 고기를 내민 내 팔을 물지는 않았다. 잘못 물리면 팔은 그대로 잘려나간다. 고양잇과 맹수보다 악력이 5배 이상 많기로 알려졌다. 아무 일도 일어나지 않았음에도 생각보다 훨씬 거대한 덩치와 무엇이든 잘게 부수어버리는 날카로운 이빨과 지옥에서 온 저승사자의 눈매에 압도당해 나는 생에 가장 머리털 쭈뼛 서는 경험을 해야 했다.

"하이에나야말로 야생 본능을 가장 제어하기 힘든 동물이지요. 하지만 수백 년 동안 우리는 하이에나와 관계를 맺고 공존하고 있답니다. 보시다시피 우리의 적이 아니지요."

상식과 통념이 무참히 짓밟히는 순간이다. 진리로 믿는 것이 어떤 상황에서는 진리가 아닌 것이 되어버린다. 뒤늦게 도착한 일부 여행자 중 일부가 용기를 내어 먹이 주기에 도전했다. 나의 시선은 그들에게 멈춰있었다. 이지러진 조각달이 교태부리며 머리 위에 앉을 때도 나는 여전히 흥분된 마음을 가라앉히지 못했다. 그러나 하이에나 맨의 조언만큼은 똑똑히 들었다.

"여기서나 안전하지 다른 곳에서도 이러면 당신은 하이에나의 멋진 만찬이 될 뿐입니다."

에티오피아에서의 특별한 경험은 기대했던 것 이상이었다. 야생에서 동물과 마주친 적이 몇 번 있었지만, 지금처럼 생과 사를 머릿속으로 그려본 적은 없었다. 혹시 다음번 다시 기회가 된다면 그 땐 전문 사육사에게 길들여진 사자에게도 또한 다가가고 싶다는 생각이 들었다. 아프리카에서만 그려볼 수 있는 그림이다. 막상 닥치면 그럴 베짱이 생길까 자못 궁금해지지만 말이다.

보시다시피 우리의 적이 아니지요.

커피 원조국에서의 에스프레소 한 잔

거센 중동 바람이 에티오피아를 휩쓸고 있다. 지리적으로는 아프리카이나 이미 중동문화권에 편입된 이집트와 수단에 이어 이제 독특한 부족 전통과 오랜 기독교 역사를 간직한 에티오피아도 머지않아 중동권으로 확실히 분류될지 모른다. 그래서 문명이 들어오고 문화가 더 변질되기 전 현지 여행을 해야 한다는 핑계로 남부를 찾기로 했다.

에티오피아는 국민 대부분이 오모로 족과 암하라 족, 티글니야 족으로 구성되어 있지만 오지로 들어가면 80여 개 이상 부족과 120여 개 이상 부족어가 공존해 있다. 특히 남서부의 오모 강 지역을 기점으로 독특한 문화를 가진 소수 부족들이 편재해 살고 있어 호기심과 모험심을 가진 여행자들의 발걸음을 유혹

한다. 대부분의 여행자들은 여인들이 접시를 아랫입술에 끼고 다녀 접시족으로 알려진 무르시Mursi족을 가장 먼저 찾는다. 접시의 크기가 클수록 미모의 가치가 상승하고 신랑으로부터 많은 재산을 받을 수 있다는 그들만의 문화가 독특하다.

남부 여행은 최소 일주일은 잡아야 한다. 날짜마다 돌아가면서 장이 서는데 일정을 잘 맞추면 일주일간 여러 부족들이 여는 시장을 방문할 수 있다. 오모밸리로 가는 버스는 주로 새벽에 있다. 하루 한 대뿐인 일정이라 예약을 못하거나 자칫 놓치기라도 하면 꼬박 하루를 더 기다려야 한다. 사전 정보 없이 무작정 나선 까닭에 이틀을 그렇게 허비했지만, 중간 기착지 마을에 머물면서 오히려 원조 커피를 마시며 평범한 에티오피아 문화를 엿볼 수 있었다.

나는 콜라교 열성 신자다. '내 몸에는 코카콜라의 피가 흐른다', '신은 인간을 만들었고, 인간은 콜라를 만들었다', '나는 콜라를 마시기 위해 치킨을 먹는다'는 지론을 주장하며 콜라 외의 다른 이단 음료에 눈길을 주는 법이 없다. 그래도 커피의 고향까지 와서 콜라만 찾는 건 예의가 아닌 듯해 가게로 들어가 에스프레소 한 잔 주문했다. 식사 시간에 빵과 함께 마시는 에티오피아 커피는 아라비카 커피의 원산지로 세계적으로도 질이 우수하기로 정평이 나 있다. 향이 강한 것이 특징인데 현지인 중엔 간혹 차茶에다 하는 것처럼 설탕을 듬뿍 넣는다. 질 좋은 생산품은 대부분 수출되고 등급이 낮은 원두들을 주로 갈아 마시기 때문이다. 그렇다 해도 남부 곳곳에서는 이르가체페Yirgacheffe나 시다모Sidamo와 같은 최상품을 저렴하게 맛볼 기회는 얼마든지 있다.

최근 한국에서도 커피 열풍이 불면서 공정무역이 화두 되고 있다. 하지만 이곳 현지인들의 노동 환경이 개선될 기미는 보이지 않는다. 이익은 농장주나 고

진한 향이 참 좋다.

이 작은 잔을 서빙해주는 주인도 내 맘을 아는지 생긋 웃어 보인다.

서두르지 않는 넉넉한 분위기가 더 좋다.

그러면서도 한편 자신의 몸보다 몇 배는 더 부피가 큰 물건을 옮기는

소녀를 보며 저절로 입술이 깨물어진다.

생존을 위한 치열한 분투 장면이 눈앞으로 지나가니

나의 여유가 사치로 느껴진다.

용주가 고스란히 가져간다. 노동자에게 돌아가는 품은 예전이나 지금이나 비슷하다. 그래도 커피에 대한 자부심만큼은 만국 공통인 엄지손가락 치켜드는 것으로 뜨겁게 갈음한다. 그늘이 있는 낡아빠진 간이 식탁에 앉아 한 잔에 우리 돈 200원짜리 서민 커피를 마시면서 나는 농부의 땀으로 알알이 여문 에티오피아 커피 타임을 갖는다. 이 순간만큼은 아무것에도 방해받지 않을 권리가 있다.

나는 커피를 마실 줄 모르지만 하나는 확실히 느낀다. 진한 향이 참 좋다. 이 작은 잔을 서빙해주는 주인도 내 맘을 아는지 생긋 웃어 보인다. 서두르지 않는 넉넉한 분위기가 더 좋다. 그러면서도 한편 자신의 몸보다 몇 배는 더 부피가 큰 물건을 옮기는 소녀를 보며 저절로 입술이 깨물어진다. 생존을 위한 치열한 분투 장면이 눈앞으로 지나가니 나의 여유가 사치로 느껴진다. 그러니 커피에 대한 낭만적인 찬양은 그만 접고 다시 여행을 시작해야 할 때다.

오모 밸리omo valley 지역은 아프리카다운 마지막 여행이 될 것이었다. 그곳에 들어가는 최후 관문인 아르바민치Arba Minch에서 나는 3불짜리 저렴한 숙소를 찾아냈고 비지떡 숙소에서 밤새 모기에 시달려야만 했다. 그렇게 뜬눈으로 밤을 지새우고 드디어 오모 밸리 여행의 출발점인 진카Jinka에 도착했다. 이곳을 거쳐 투르미Turmi를 갈 예정이었다.

진카에 들어가는 차가 하루 한 대라 첫 번째 차를 놓친 나는 히치하이킹을 시도했다. 공짜로 타는 것은 아니다. 합당한 삯을 치러야 한다. 되레 외국 여행자들은 차를 놓쳐 선택권이 없다는 핸디캡 때문에 배 이상의 돈을 주고 타기도 한다. 운 좋게 마음 착한 운전사를 만나지 않는 한 지역 사정에 밝은 트럭 운전사들이 이 호기를 놓칠 리 없다.

가까스로 차를 얻어 타고 진카에 도착했다. 그간 제대로 먹지 못한 까닭에 도착 후 바로 전통 음식인 뜹스Tibs로 허기를 면했다. 이들의 주식은 보통 에티오피아식 밀병인 넓적한 인제라에 잘 구운 고기 뜹스를 싸서 야채와 소스를 얹어 먹는 것이다. 형편에 따라 고기가 아닌 콩을 넣어 먹기도 하고, 소스 역시 입맛에 맞게 구성해 먹는다. 여기에 염소 젖으로 짠 우유를 먹으면 한 끼 든든히 챙길 수 있다. 물론 위생 상태에 따라 지독한 설사에 시달리는 것은 어디까지나 여행자 본인 몫이다.

열기를 식히기 위해 충분한 휴식 후 시장에 나왔다. 시장은 상인들로 인산인해다. 좌판에 과일, 채소, 고기 등 식품과 생필품을 내다 파는 게 대부분이다. 특히 음식 가격은 외국인을 감안해 바가지를 씌운다 해도 지나치게 저렴해 미안할 정도였다. 아이들은 1달러를 외치며 꽁무니를 계속 쫓아왔다. 보통은 돈을 주지 않고 가지고 있는 물건이나 음식을 나눠 주지만 처음으로 아이들에게 1달러와 바나나를 같이 주었다. 하루하루가 가난과의 싸움일 아이들 입장에선 나의 자비가 꼭 필요했을지 모른다. 굳이 버릇 나빠진다며 이성적 논리로 외면할 필요가 없었다. 마음 가는 대로 주었다. 시장을 돌며 더위를 나기에 더없이 좋은 토마토와 수박도 함께 구입했다.

시장 구경 중 드디어 접시 족 여인들을 만날 수 있었다. 이들은 따로 시장에 볼일 있어 온 것이 아니라 철저하게 여행자들을 향해 몰려다녔다. 사진을 찍고 돈을 받는단다. 한 번에 1달러다. 몸에 문신을 수놓은 남자들 역시 사진 모델이 된 지 오래다. 그들은 서로 자신을 찍으라며 섭외에 한창이었다. 나는 두 여인을 찍었고, 1달러를 건네주었다. 순수하게 찍기에는 시선을 피하고 관계를 맺고 다가가기엔 시간이 턱없이 부족했다. 찍는 나나 찍히는 그들이나 뭔가 사람 냄새가 나지 않고 거래했다는 느낌에 사진 찍는 감흥이 묽어졌다. 이것이 무슨 여행

일까? 사람과 사람이 만나는 감성적인 공간을 침탈한 자본주의의 공습으로부터 나도 그리 자유롭지 못하다는 걸 깨달았다.

다행히 이후로는 자연스럽게 사진을 찍을 수 있었다. 방법은 간단했다. 오랜 시간 동안 그들과 대화를 하며 친밀한 관계를 만들어 나가는 것이다. 때론 한 시간이 넘는 대화가 필요할 때도 있었다. 사진을 찍기 위해 부러 시간을 내는 게 아니라 진솔한 만남을 갖다 보면 거부감은커녕 오히려 즐기면서 모델이 되는 게 그들이다.

귀를 뚫고, 입술을 뚫고, 문신을 하고, 장신구를 차는 모든 차림은 이들이 이 땅에서 생존을 위해 필요했던 한 과정이다. 그러니 폄하할 이유가, 삐딱하게 바라볼 시선이 존재해선 안 된다. 아마존에 가면 사냥을 하고, 동남아를 가면 농사를 짓는 것이 살아가는 것에 대한 당연한 이치 아닌가. 처음엔 꽤 개성 강했던 외관도 점차 익숙해지니 언제부턴가 별생각 없이 그저 동네 사람 대 동네 여행자로 대하게 되었다. 하긴 이 친구들도 처음엔 웬 꼴뚜기처럼 생긴 한국 여행자인가 적잖이 놀랐을 테니…….

도무지 부족어를 알아들을 수 없었다. 우리가 통할 수 있었던 건 미소로 말하는 공감이었다. 밥 먹고 잠자고 사진 찍는 모든 문제가 막힘없이 진행되었다. 사람과 사람 사이에 언어보다 마음으로 먼저 다가가는 매력이 있는 곳, 그리고 에티오피아의 에스프레소 한 잔으로 점철되는 아프리카의 유혹은 치명적이다. 참, 이곳에서도 역시 코이카 엄요한 단원과 일본 자이카의 협력으로 며칠에 걸쳐 오지 마을에 500여 개의 모기장을 설치했다.

우리가 통할 수 있었던 건 미소로 말하는 공감이었다.

끝날 때까지 끝난 게 아니다

혼란스러웠다. 에티오피아 곤다르를 거쳐 입국한 수단은 때마침 남북 독립을 두고 투표가 진행되고 있었다. 그 까닭에 치안에 대해 장담할 수 없는 처지였다. 다만 고故 이태석 신부님이 사역하던 톤즈 지방에는 한 번 가보고 싶었다. 하지만 강경 독립파들이 삼엄한 경비를 펼치고 있다는 소식이 알려졌다. 독립 쟁취를 위해 핏대를 세우던 그들이 주요 교통로를 점거했기 때문이다. 아쉽지만 발걸음을 돌려야 했다. 트랜짓 비자를 받았으므로 수단에서 사흘 이상 머물기 위해서는 외국인 거주 등록이 필요했다. 닿을 수 없는 톤즈 대신 그 위에 푸른 하늘을 보고 수도 하르툼Khartoum으로 들어왔다.

"보증인이 필요하다고요? 내가 하리라."

외국인 거주 등록에는 반드시 현지인을 보증인으로 내세워야 한다. 난감한 상황에 봉착했을 때 백발이 성한 숙소 주인은 뭐가 어렵겠냐며 당연하다는 듯이 도와주었다. 본인이 직접 차를 몰고 기관까지 달려가 수고스러운 모든 절차를 마무리해 주었다.

"정말 감사합니다. 얼마 안 되지만 여기 사례비……."

"됐어요. 돈 받자고 하는 일 아니에요. 수단으로 여행 오는 사람 별로 없는데 우리나라에서 좋은 기억 많이 가지고 떠났으면 좋겠어요. 난 그저 신이 시키는 대로 행할 뿐이에요. 인샬라."

절차가 복잡하고 느려터지며 비싸기만 한 비자 및 체류 등록 시스템에 불만이 터져 나올 뻔했지만, 천성이 워낙 선한 수단인들 때문에 참고 넘어가기로 한다. 저 멀리 독립 때문에 시끄러운 것과는 대조적으로 수단은 세상에서 가장 조용한 나라임에는 틀림없을 것이다. 사하라 사막에서는 사람 보기가 하늘의 별 따기일 테니까.

눈부시게 청명한 사하라 사막의 하늘 아래 모래바람을 가르며 동굴라를 거쳐 와디할파Wadi Halfa에 도착했다. 지루한 여정 끝에 도착한 국경에는 지류로 흐르던 나일 강이 합쳐지면서 광대한 모습을 드러냈다. 철저한 이슬람법을 따르는 수단에서의 짧은 체류였지만, 나는 한없는 조용함에 흠뻑 취해 요란한 감동을 떨어야 했다. 이집트로 가는 선박 티켓을 구입하고, 승선하기 전 조용히 눈을 감았다. 사실상 아프리카 모험은 에티오피아에서 끝났다고 봐야 할 것이다. 수단부터는 유럽과 서아프리카로 들어가는 준비 기간이었다. 이집트는 그간의 고충을 잊어버리고 맘 편히 쉴 것이었다. 내 예상은 틀리지 않았다. 수단을 벗어나 이집트에 들어갔을 땐 나도 모르게 탄성을 내뱉었다.

아프리카에서는 상상할 수 없었던 싱싱한 과일들과 풍부한 먹거리, 게다가 훨씬 쾌적하면서도 오히려 저렴한 숙소 비용에 한껏 마음이 들떠 버렸다. 그런데다 하루에 족히 20명 정도 되는 노홍철급 사기꾼들로 인해 긴장했던지라 다시 지친 여행에 활기를 찾게 되었다. 아스완에 이어 룩소르, 카이로까지 이어오면서 나는 나름 베테랑 여행자라는 생각이 순식간에 착각이었음을 자각하게 되었다. 며칠 동안 두 눈 뜨고 당한 횟수가 여러 번이었으니 말 다했다.

다행히 금전피해가 소소한 것이라 웃어넘길 수 있었지만, 능청스러우면서도 자비한 표정으로 노련하게 사람을 대하는 그들을 보자니 헛헛한 웃음이 나왔다. 순간 기억 속에 아직 선명하게 남아있는 순박한 아프리카 사람들이 그리워졌다.

길고 긴 아프리카 여행에 마침표를 찍을 때가 왔다. 말라리아 예방 모기장 설치를 함께 병행한 서툰 청춘의 1년 남짓한 여행이었다. 어머니 대지에 후회 없는 땀과 눈물을 쏟고 나서는 타던 자전거며 텐트, 침낭 등은 기증했다. 황량한 사막에서 사랑 하나로 유목민들과 살을 맞대던 봉사자에게 필요했다. 가치를 고려했다. 세계 일주보다는 척박한 땅에서 사람들의 마음을 여는 데 더 필요하다는 판단이 섰기 때문이다. 배움이었다. 아프리카 천연 미소들이 참 많은 것을 일깨워 주었다. 거저 받은 사랑이 얼마나 많았던가.

그러고 보면 애초부터 난 가진 게 없었다. 맹렬하게 뜨거운 피를 펌프질 하는 심장과 그럭저럭 쓸 만한 두 다리가 있을 뿐이었다. 그래서 빈 가슴에 값진 걸 받을 수 있었는지 모른다. 이 땅의 친구들은 시시때때로 닥치는 상황에 맞서 이겨 내려 하기 보다 겸허히 순응하라 했다. 느리지만 조화롭게 가라 했다. 쉽지만은 않았다. 내 고집을 버리기가. 조금씩 그들의 신념을 따랐다. 그들의 오랜 지혜를 따른 덕에 팔에는 조금이라도 힘이 남아 있었다. 퍽 감사한 일이었다. 그 힘으로 모기장을 설치할 수 있었으니까. 덜 먹으면 어떤가, 덜 편하면 또 어떤가? 어제를 반성하고, 오늘을 감사하며, 내일을 꿈꿀 수 있다면 불편함은, 살아가고 꿈이 되는 꽤 괜찮은 땔감이 된다.

고백하겠다. 래디컬 공정 여행이라는 타이틀은 사실 몹시 건방진 태도였다. 별 볼 일 없는 청년이 난제로 어두워진 아프리카를 어찌 환하게 비추겠는가? 이 망령된 포부가 얼마나 어리석은 교만인가! 그들의 입가에 번진 미소가 내 가슴에 더 환하게 비추는데!

시작할 땐 몰랐던 예기치 못한 기쁨이 그들 때문에 있었다. 덕분에 거저 줄 수 있음을, 이웃을 사랑할 수 있음을 조금은 배우게 되었다. 그들이 그들의 삶으로 내게 가르쳐 준 건 소박해 보였지만 실로 위대했다. 300개를 목표했던 것이 결국 3,000개의 모기장을 치기에 이르렀다. 이를 위해 남수단 독립 소요로 인한 시기에 머문 숙소를 제외하면 나 자신을 위해 단 한 번도 5불 이상의 숙소를, 또 식사를 해 본 적이 없다. 그러기 위해선 철저하게 그들의 삶에 내 삶을 맞대야 했다. 그 치열한 도전이 값진 나눔을 만들어 주었다. 우쭐댈 필요는 없다. 내가 그렇게 마음을 나눌 수 있게 만들어준 모든 환경은 결국 이 땅 주인들의 진심이 있었기 때문이다.

성숙하게 여물지 못한 객기 어린 청춘이, 미지의 땅에 대한 선입견만 가득했던 청춘이 보기 좋게 무너졌다. 그럴 때마다 만났던 아이들의 눈빛, 미소와 추억들이 나를 다시 일으키게 만들었다. 또 누군가는 기꺼이 아버지가 되어 나를 안아주고, 어떤 이는 마땅히 친구가 되어 손을 내밀어 주었다. 힘겨움으로 넘어질

때마다 그랬고, 감사함으로 웃음 지을 때에도 어김없었다. 내 어깨를 툭툭 치며 기죽지 않게, 그렇다고 너무 자만하지 않게 다시 시작할 용기를 주었다.

매일 밤마다 참을 수 없는 열정과 시큰한 감동이 터지고 터져 밤하늘의 별들 속에 섞여 반짝반짝 수를 놓았다. 대지를 뒤덮은 적막함이 도리어 세상에서 가장 황홀한 연주회가 되던 밤의 환상곡이 들렸다고 감히 말할 수 있는 낭만이었다. 그 애틋한 감흥에 젖어 텐트 밖으로 나와 무수히 쏟아지는 별들을 보았다. 오래도록 보았다. 그리고 캄캄한 밤을 비추는 달빛을 생각했다. 깊고 짙은 밤, 어렴풋한 실루엣을 비춰주는 아주 소박한 빛. 그러나 그 빛마저 없다면, 어떻게 태양을 기다릴 수 있을까.

그때부터였던 것 같다. 계획에도 없던 꿈이 조그맣게 싹이 튼 게. 나는 아프리카에 달빛을 비추러 다시 들어가고 싶은 소망이 생겼다. 가장 먼저 할 일은 두 손을 모으는 것이었다. 마냥 행복해하며 내 손을 잡아 주던 아이들의 살가운 온기가 그리웠기 때문이다. 그 느낌이 차오를 때, 난 서부 아프리카를 꿈꾸었다. 이번 종단 여행을 통해 미진한 부분을 개선하고 더 가슴 뛰는 추억을 만들고 싶었다. 여행은, 사람을 사랑하게 되는 가장 진솔하고도 낭만적인 무대다. 더 사랑하고 싶고, 더 사랑받고 싶다. 아프리카의 뜨거웠던 태양 아래 도로를 질주한 400일간, 전에 없이 사랑받는 인생이었고, 처음보다 아프리카 사람들을 더욱 사랑하게 되었듯이 말이다. 검은 대륙에서 펼쳐지는 순백의 이야기는 아직 끝나지 않았다.

여행은, 사람을 사랑하게 되는
가장 진솔하고도 낭만적인 무대다.

35

초판 1쇄 발행일 2014년 07월 25일

지은이 문종성
펴낸이 박영희
편집 배정옥·유태선
디자인 김미령·박희경
인쇄·제본 에이피프린팅
펴낸곳 도서출판 어문학사
서울특별시 도봉구 쌍문동 523-21 나너울 카운티 1층
대표전화: 02-998-0094/편집부1: 02-998-2267, 편집부2: 02-998-2269
홈페이지: www.amhbook.com
트위터: @with_amhbook
블로그: 네이버 http://blog.naver.com/amhbook
다음 http://blog.daum.net/amhbook
e-mail: am@amhbook.com
등록: 2004년 4월 6일 제7-276호

ISBN 978-89-6184-342-3 03980
정가 17,000원

이 도서의 국립중앙도서관 출판시도서목록(CIP)은 e-CIP홈페이지(http://www.nl.go.kr/ecip)와
국가자료공동목록시스템(http://www.nl.go.kr/kolisnet)에서 이용하실 수 있습니다.
(CIP제어번호: CIP 2014020133)

※잘못 만들어진 책은 교환해 드립니다.